重庆市职业教育学会规划教材／职业教育传媒艺术类专业新形态教材

UI界面设计

UI JIEMIAN SHEJI

主　编　**唐倩　罗玥**

副主编　**严敏　俞明　肖洒　郑桃　王嵋**

重庆大学出版社

图书在版编目（ＣＩＰ）数据

UI界面设计/唐倩，罗玥主编.-- 重庆：重庆大学出版社，2024.3

职业教育传媒艺术类专业新形态教材

ISBN 978-7-5689-4162-4

Ⅰ.①U… Ⅱ.①唐…②罗… Ⅲ.①人机界面—程序设计—高等职业教育—教材 Ⅳ.①TP311.1

中国国家版本馆CIP数据核字（2023）第162756号

职业教育传媒艺术类专业新形态教材

UI 界面设计
UI JIEMIAN SHEJI

主 编 唐 倩 罗 玥
副主编 严 敏 俞 明 肖 洒 郑 桃 王 嵋

策划编辑：席远航 蹇 佳 周 晓
责任编辑：杨 扬 装帧设计：蹇 佳
责任校对：谢 芳 责任印制：赵 晟

....

重庆大学出版社出版发行
出版人：陈晓阳
社 址：重庆市沙坪坝区大学城西路21号
邮 编：401331
电 话：（023）88617190 88617185（中小学）
传 真：（023）88617186 88617166
网 址：http://www.cqup.com.cn
邮 箱：fxk@cqup.com.cn（营销中心）
全国新华书店经销
印刷：重庆愚人科技有限公司

....

开本：787mm×1092mm 1/16 印张：7.5 字数：174千
2024年3月第1版 2024年3月第1次印刷
印数：1—2000
ISBN 978-7-5689-4162-4 定价：49.00元

....

— 序言
PREFACE

　　随着科技的飞速发展，用户界面设计已成为当今社会不可或缺的重要领域之一。近年来，随着互联网、移动设备、智能家居等技术的普及，用户界面设计的重要性日益凸显。

　　这本教材是"国家职业教育视觉传达设计专业教学资源库联建课程"和"数字媒体技术专业国家级教师教学创新团队建设课程"的配套教材。本书不仅对标了国家战略职教二十条"1+X"界面设计职业技能等级证书，而且紧密结合了数字媒体技术专业国家级教师教学创新团队建设课程的要求，注重理论教学与实践操作的有机结合。本书采用以实际工作为导向的教学方法，将极大地提高学生的学习积极性和实际操作能力。它以工作任务展开实训过程，使学生能够在实际操作中学习和掌握界面设计的专业技能。这种教学方法不仅符合现代职业教育的发展趋势，也有利于培养学生的创新能力和解决实际问题的能力。重庆工商职业学院数字媒体技术专业国家级教师教学创新团队自建设以来，联合了行业和企业专家共同修订人才培养方案，根据职业工作过程重构了课程教学过程，完善课程标准，将新的职业岗位要求纳入实训项目。

　　此外，教材的编写风格清晰明了，内容组织逻辑严谨，使得学生更容易理解并掌握知识要点。同时，通过丰富的案例分析和实践练习，学生可以更好地将理论知识应用到实际操作中，提升其解决实际问题的能力。其次，注重团队合作。教材中设置了团队合作项目，鼓励学生发挥各自的优势，相互协作完成项目任务，培养团队合作意识和沟通能力。总的来说，《UI界面设计》是一本深入浅出、理论与实践相结合的教材，适合高职高专院校的视觉传达设计、数字媒体技术、全媒体广告与营销等专业的学生使用。通过学习本教材，学生将能够掌握界面设计的基本理论和实践技能，为未来的职业发展打下坚实的基础。

前言
FOREWORD

我国尚处于 UI 设计行业的起步阶段：其一方面表现为我国市场对 UI 设计师的需求开始增加，越来越多的院校和专业开始开设 UI 界面设计课程；另一方面相对于传统课程，目前我国与 UI 相关的优秀教材和教学资源短缺。本教材是面向移动端和网页端的界面设计进行编写的。编者具有多年的教学和研究经验，本着以学生为中心的教学理念，打造"教、学、做一体化"新型工作手册式教材。

本书是高等职业院校数字媒体、视觉传达、广告、动画、网络新闻等专业"岗课赛证"融通教材。本书立足于实际岗位需要的创新能力和实践能力，融入了职业岗位、专业课程、职业技能等级证书、职业技能竞赛，是新型工作手册式教材，并配套信息化资源。本教材是由校企"双元"合作开发，其中部分实践案例由重庆华龙网集团提供。本教材以全国大学生广告艺术大赛、华为手机主题设计大赛融通为主线，对标 UI 界面设计师（职业岗位）和"1+X"融媒体内容制作职业技能等级证书职业岗位标准，以工作任务展开实训过程，强调学生主动参与、教师指导引领，实现"教、学、做"一体化的教学模式，实训内容的设计注重学生应用能力和实践能力的培养，体现了高职高专实训课的特色。深入挖掘党的二十大精神，探索如何将"爱国"与"思政"主题引入教学内容，体现党和国家的意志；将"爱国"主题和传统文化引入实训项目；将爱国主义、爱岗敬业、文化素养和道德修养等内容融入教学过程。

本书阐述了手机界面和网页界面设计的内容，让初学者在接触 UI 之初就按照处理信息的层级关系的思路去思考。本书分为"UI 图标设计""移动端 App 界面设计""移动端主题界面设计"和"网页界面设计"4个实训项目，每一个项目包括多个实训任务，形成一个完整的工作闭环。每一个实训任务包括学习目标、任务书、工作准备、引入问题、工作计划和方案、实施提示、评价反馈等内容。本书内容由浅入深，图文并茂，读者可以扫描二维码观看教学视频和PPT。本书参考学时为 54～92 学时，建议教师采用理论实践一体化教学模式进行教学。

　　由于 UI 界面设计行业发展速度快，本书内容难免有疏漏之处，敬请读者批评指正。希望读者可以通过学习本书内容，提升 UI 界面设计能力，设计出更多优秀作品。

编　者

2023 年 1 月

目录
CONTENTS

UI 的学习准备

了解 UI

UI 即 User Interface（用户界面）的简称。其泛指用户的操作界面，既包含了用户界面的视觉表现，又涵盖了软件中的人机交互与操作逻辑。好的 UI 设计不仅能让界面更美观，还可以大大增加操作的舒适性。界面设计师，指从事人机交互、操作逻辑和界面美观整体设计工作的人，设计内容主要包括移动应用界面设计和网页设计等。

UI 一词最早是 1984 年根据苹果公司的第一代 MAC 电脑提出的，当时其被称为图形化界面。2010 年苹果公司发布 iPhone 4，国内掀起移动互联网热潮，大众开始知道 UI。随后，网络发展的速度越来越快，移动终端越来越强大，而越来越多的企业进驻互联网行业。互联网行业发展迅猛，不管是大型企业还是中小型公司都越来越重视互联网终端与产品的交互设计与用户体验。因此，我们就需要更多更好的 UI 设计人才，从而带动整个 UI 设计行业的发展，而优秀的 UI 设计师也成为企业亟需的人才。

UI 界面设计工作流程（图 0-1）

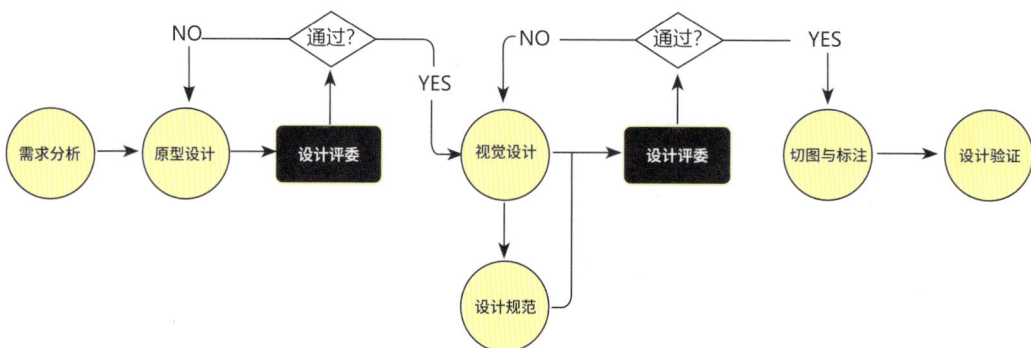

图 0-1 UI 界面设计工作流程

UI 设计师必备的能力（图 0-2）

图 0-2 UI 设计师必备的能力

UI 界面设计是以用户为中心的设计（User-centered Design），就是在设计开发产品时每一步都要考虑用户的体验，在 UI 界面设计时必须考虑用户体验（User Experience）、结构设计（Conceptual Design）、交互设计（Interactive Design）、视觉设计（Visual Design）等因素。

就工作流程来说，其一般是由产品经理向 UI 设计师交付一个原型，由 UI 设计师再进行这些界面设计。交互设计师会事先给设计师打好一个草稿，或者给出图 0-3 所示的灰白稿件的原型。原型是准产品，是设计成果的相对简单的前期模型，它们通常是线框之后的产品设计过程的下一步。

图 0-3　灰白稿原型

很多学生认为，设计师只要针对这个原型进行上色即可。这样的想法太简单了。一个好的界面不仅要有配色、图标规范设计、字体规范等，还要有视觉层级和视觉流程等。视觉层级和视觉流程非常重要,本书让读者在接触UI之初就按照处理信息的层次关系的思路去思考,同时对 UI 界面设计基础视觉流程、色彩和图标等内容进行阐述，分别叙述网页设计和手机界面的规范性和特殊性内容。

UI 由什么元素组成?

| 几何元素 | 文字元素 | 图标元素 | 图片元素 |

图 0-4　组成 UI 界面设计的元素

通过图 0-4 我们可以发现，界面由几何元素、文字元素、图标元素和图片元素组成。文字是我们获取信息的关键渠道，因而文字的层级编排非常重要。图标是用来高效传递信息和美化信息的图形，设计风格多样，实用场景普遍。学习 UI 界面设计就是要学会围绕设计目标，合理组合文字元素、图标元素等，形成美观的、可交互的界面（图 0-5）。

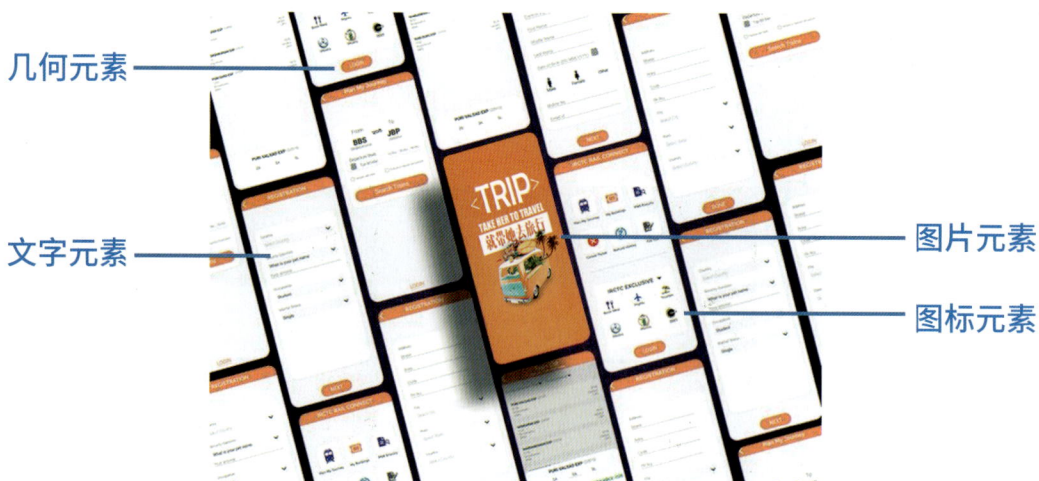

几何元素　　　文字元素　　　图片元素　　　图标元素

图 0-5

应该如何学习 UI 设计

要学习好 UI 界面设计，首先我们要明确自己学习的内容，找到学习方法，然后把理论与实践相结合。如果我们的学习时间有限，那么做好内容的取舍会让自己的学习事半功倍。

从 UI 界面设计类型来讲，我们可以从学习网页设计和手机界面设计入手。虽然 UI 界面设计包含了手机界面、网页、车载系统、智能穿戴、管理系统、数据可视化等设计内容，但是目前需求最多的是手机界面设计和网页设计。对于初学者来说，同时开启多项内容的学习会增加学习难度。

因此，我们可以用"临摹＋创作"的方法进行学习，这样可以提升学习效率。学习 UI 界面设计的首要任务是学习界面的视觉形象设计，即界面设计得既美观又让人具有舒适的体验感。所以，我们会找一些经典的设计案例，并在此基础上加入自己的想法，尝试进行独立的设计。

扫描下方二维码，获取更多 UI 资讯。

UI 的学习准备

项目 1
UI 图标设计

学习目标 -

（1）能进行较规范的 UI 图标设计与制作；

（2）能根据主题调性和需求，设计不同风格的 UI 图标。

职业能力 -

（1）能够理解工作任务的设计要求，有计划、有目标地进行图标方案设计；

（2）能够理解并掌握图标设计流程与规范；

（3）能够运用相关软件绘制图标。

项目任务 -

实训任务 1.1　UI 图标基本规范与风格

实训任务 1.2　UI 图标设计

实训任务 1.3　UI 图标绘制

思考与练习

实训任务 1.1　UI 图标基本规范与风格

1. 学习目标

（1）正确识读任务书；

（2）掌握图标设计制作基本规范和风格类型；

（3）能结合任务要求进行图标调研或策划方案。

2. 任务书（表 1-1）

表 1-1　任务书

项目名称	全国大学生广告艺术大赛（以下简称"大广赛"）官网图标改版设计调研与分析
项目背景	大广赛自 2005 年至今，遵循"促进教改、启迪智慧、强化能力、提高素质、立德树人"的竞赛宗旨，成功举办了 14 届 15 次，共有 1679 所高校参与其中，超过百万名学生提交了作品
网页图标设计现状分析	①网页图标是否简洁、明确； ②图标作为信息传递的符号，其所蕴涵的内容信息是否与相应的文字信息完美匹配，互补互通； ③作为国内高校权威的设计类比赛平台，其面向的对象包含了爱好艺术设计的高校学生、艺术专业教师、企业宣传人员，那么图标设计是否具有专业性、是否体现设计艺术行业的活力与亲和力等就很重要； ④图标的参数设计是否合理，图形的大小，线条的粗细、曲直，图形与文字的匹配是否能给人舒适的视觉体验
作品要求	大广赛官网图标调研分析

3. 工作准备

（1）仔细阅读工作任务书，进行分析和讨论，并做好进度记录；

（2）充分了解项目背景，确定图标设计与应用设计方向；

（3）结合任务书分析图标设计的难点和常见技术问题。

4. 引入问题

什么是图标？

图标英文为"Icon"，是具有指代意义的图形符号，具有高度浓缩信息、快速传达信息、便于记忆的特性。图标是用来传播信息的视觉化符号，它从诞生之初就发挥着帮助人们理解非文字信息，并且使这些信息尽可能被准确识别和用于交流的作用。图标可以增加界面的趣味性，也可以提高人们对界面信息的识别度，是界面不可或缺的一部分。图标使视觉流程更加清晰，使浏览者能快速查找所需要的信息。图标要准确且简单、美观且系统。

图标在界面中的分类和尺寸规范？

展示图标——不可点击　尺寸：24 px×24 px、28 px×28 px、32 px×32 px

按钮图标——可点击（图 1-1）　尺寸：44 px×44 px、48 px×48 pxpx、56 px×56 px、64 px×64 px

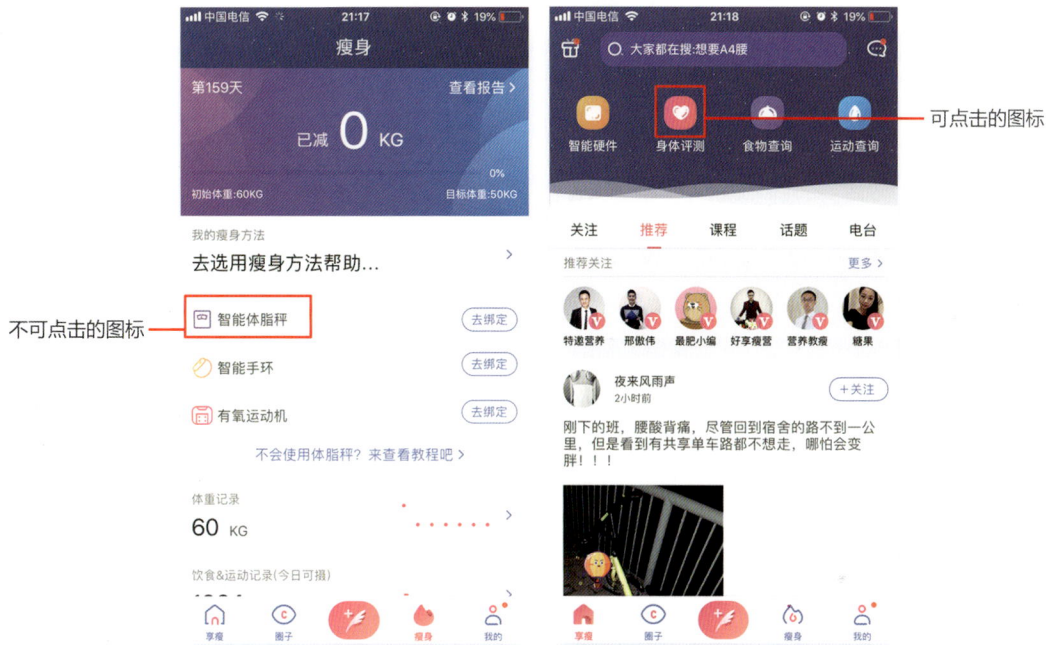

图 1-1　不可点击的图标与可点击的图标

图标的尺寸一般为 4 的倍数，这样在成倍缩放时，其就不会导致半像素的情况。例如 48 px×48 px 的图标，缩小一半时为 24 px×24 px；而 34 px×34 px 的图标，缩小一半时为 17 px×17 px。图标的尺寸应尽量避免出现单数。

图标有哪些风格？

首先我们来介绍一下 MBE 风格，此风格的原创作者是法国设计师 MBE，该风格的设计采用更大更粗的描边、断点式描边、色块溢出方法，相比于没有描边的扁平化风格，其避免了不必要的色块区分，更简洁、易识别（图 1-2）。

时下流行的图标类型可以归纳为：线性图标、面性图标、线面结合图标。至于 MBE 风格、断线风格、色块风格、渐变风格、半透明风格、双色搭配风格等，都是基于以上三种图标进行设计的。我们可以在 Dribbble、站酷网、花瓣网、优设网、iconfont 等欣赏好看的图标图片，也可以参考相关 App 上的图标（图 1-3—图 1-5）。

图标风格多样，我们需要根据主题设计与其风格相适应的图标，一个完美的界面需要一套能给予人们视觉支持的图标。具备较高识别度的图标更容易被人记住，经常在色调、质感、艺术风格等方面相互协调，能达到整个界面图标的统一。

图 1-2　MBE 风格的图标

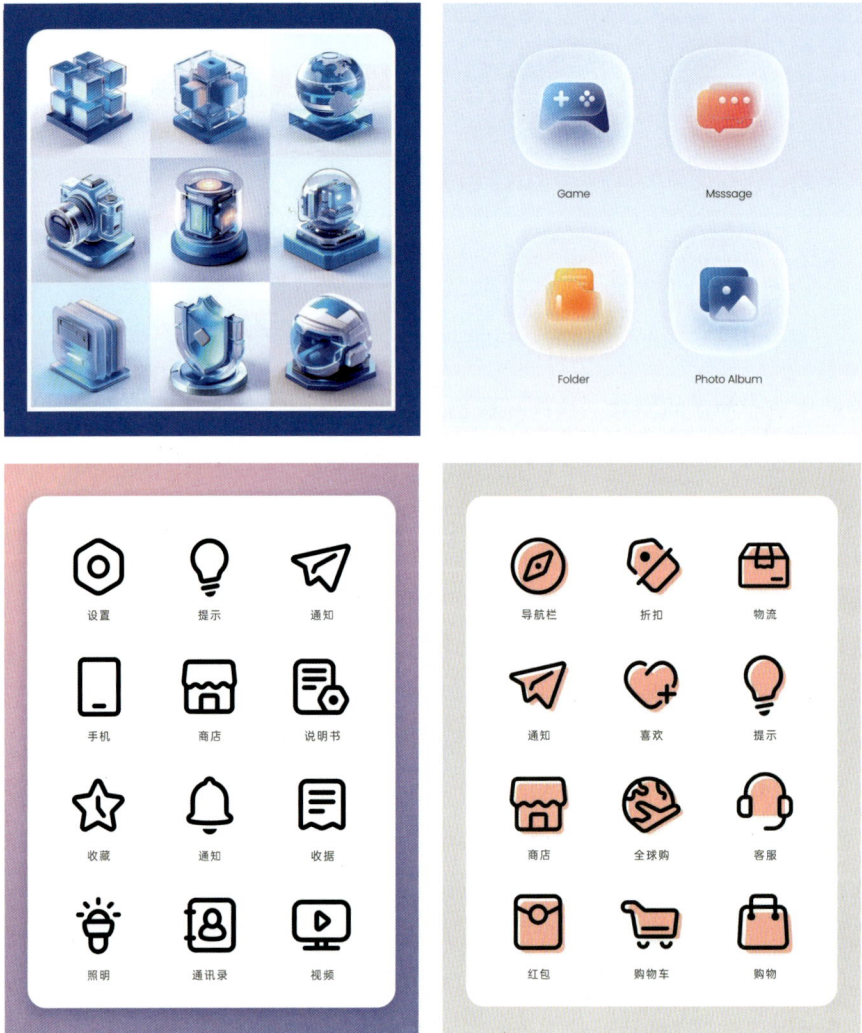

图 1-3　图标赏析 1

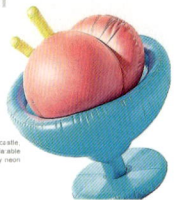

图 1-4 图标赏析 2

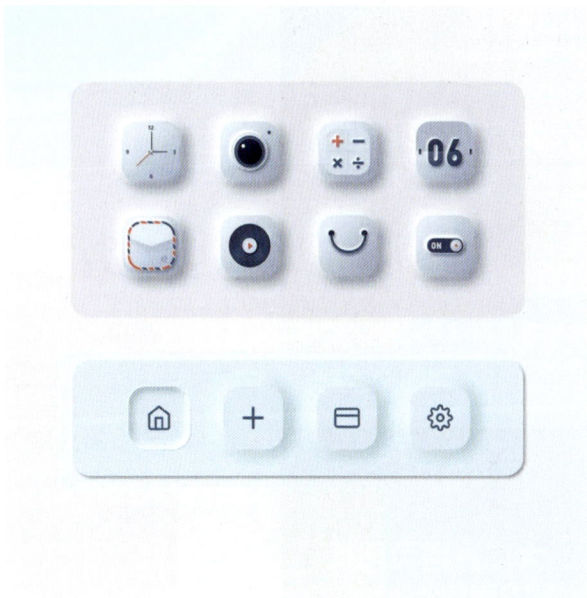

图 1-5 图标赏析 3

5. 工作计划

首先每位学生根据表 1-2 完成相关任务，然后教师根据学生的任务完成情况提出改进意见。

表 1-2 工作计划

序号	工作步骤	要求	学时安排	备注
1	图标分析	在规定时间内完成大广赛官网的图标分析任务，分析其改良后的方案		
2	制作 PPT	对全国大学生广告艺术大赛官网需要改良的图标的方案进行分析，并将其结果制成 PPT		

6. 实施提示

前期调查是了解设计对象和消费目标对象的过程，设计需要的是有目的的、完整的调查。

（1）理解任务书；

（2）项目背景的调研与整理；

（3）对标任务中的"引导性问题"会列出图标规范尺寸，利用网页的功能，浏览图标的图形风格，同时对色调进行分析；

（4）制作全国大学生广告艺术大赛官网图标改版调研报告 PPT。

学生首先对网页图标设计原则进行深入了解，然后在此基础上依据大广赛官网对相关图标进行分析，最后提出图标改进的基本方案（图 1-6—图 1-10）。

准确：要想准确传达信息，是让用户在没有文字说明的情况下一眼理解图标的含义，就需要图标贴合内容设计，大广赛网页中的一些图标对内容表达还不够准确。比如"作品提交""大赛章程"等图标对于内容表述还不够准确。

图1-6　大广赛网页图标的准确性

标准：用户可以看清楚图标，其与图标的线条、大小、颜色等有关。比如"命题下载"图标中间的向下箭头太小，会导致用户看不清图标信息。"赛程安排"图标的图形形象不明确。

图1-7　大广赛网页图标的标准

艺术：图标设计风格是品牌网站风格的重要表现，图标的图形设计要考虑用户群体的审美需求。大广赛网页面对的用户包括高校艺术专业学生、老师，以及企业宣传人员等。因此大广赛网页的图标设计需要在准确传递信息的同时具有一定的风格，目前的图标还比较常规化，图标在形状设计、色彩设计方面没有与网页风格相匹配。

图1-8　大广赛网页图标的艺术性

细节：图标要精致、统一，就必须要注意细节。一套图标的大小、线条粗细、色彩等都要遵循一定的规律，也能有效体现图标的个性。比如，每个图标的中心线条、外围线条使用同样粗细的线条。

图1-9　大广赛网页图标的细节

图 1-10　大广赛网页图标定位分析

7. 评价反馈

按学生自评、小组互评、教师评价三种方式评定每位学生完成学习任务的情况，并将学生自评成绩占总成绩的 20%、小组互评成绩占总成绩的 30%、教师评价成绩占总成绩的 50% 作为每位学生的综合评价结果（表 1-3）。

表 1-3　评价表

序号	评价项目	评价标准	分值	学生自评	小组互评	教师评价
1	问卷收集	能设计合理的问卷，并进行有效的问卷调查	20			
2	资料收集	有条理地收集资料	10			
3	调研任务	能保质保量地完成调研任务	20			
4	设计方案	设计改良方案思路要清晰，内容含金量要高	10			
5	工作态度	态度端正，无故不缺席、不迟到、不早退	10			
6	工作质量	能按计划完成工作任务	10			
7	协调能力	能与小组成员合作交流，协调工作	5			
8	职业素质	善于查阅并借鉴相关资料	5			
9	创新意识	工作方案有创新点	10			
		合计	100			

8. 拓展学习

扫描下方二维码，获取更多 UI 资讯。

图标设计

实训任务1.2　图标设计

1. 学习目标

（1）正确识读任务书；

（2）了解图标设计原则和风格；

（3）在完成任务1.1的基础上提出修改方案。

2. 任务书（表1-4）

表1-4　任务书

项目名称	大广赛官网图标改版草图绘制
项目背景	大广赛自2005年至今，遵循"促进教改、启迪智慧、强化能力、提高素质、立德树人"的宗旨，成功举办了14届15次，共有1679所高校参与其中，百万名学生提交了作品
网页图标设计定位分析	①网页图标能准确表达信息，能够让用户在没有文字辅助的情况下明白图形的含义； ②网页图标能凸显大广赛的品牌调性。大广赛既是全国高校艺术类学生的比赛平台，也成为学生、学校、企业相互联系的纽带，网页图标的个性化表达也是大广赛品牌个性的一个方面； ③网页图标的风格统一。在实现图标风格个性化表达的基础上，作为一个网页的一套图标，其需要有统一图形语言让网页图标有"家族式"的识别性。图标的框架结构、大小、线条样式、色彩系统都需要一定的设计标准形成系列图标的高识别度
作品要求	大广赛官网图标草图设计

3. 工作准备

（1）仔细阅读工作任务书，进行分析和讨论并做好进度记录；

（2）充分了解项目背景，确定图标设计方向；

（3）结合任务书分析图标设计改版的难点；

（4）图标草图的手绘工具。

4. 引入问题

图标的设计原则是什么？

1）更具识别性

图标本身的功能是第一时间传递信息。因而我们需要使用更加具象的视觉语言，使得信息传达更为准确。

2）更具一致性

在设计图标的过程中，使图标具有一致性，是一套图标系统成功的关键。这里的统一性不是指所有的图标都要用相同的元素，而是指图标线条的粗细，断点的距离，元素的大小，切割的距离，色调、风格的一致。所有的图标都用一样的元素时，用户反而会识别困难。

3）适度的情感体现

在设计图标方案时，采用丰富的造型与颜色，使页面更具亲和力，可以让用户在使用界面时，减少对产品界面的单调风格的感知（图 1-11、图 1-12）。

图 1-11　情感化的图标 1

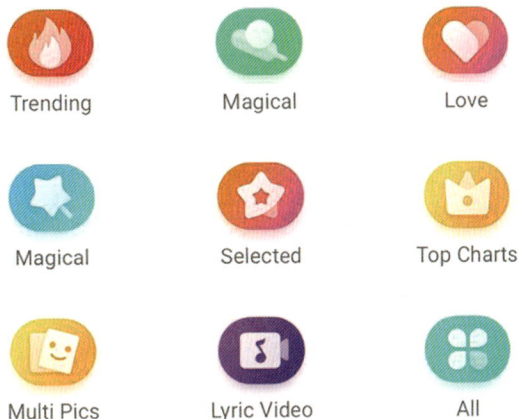

图 1-12　情感化的图标 2

5. 工作计划

首先每位学生根据表 1-5 完成相关任务；然后教师根据学生的任务完成情况提出改进意见。

表 1-5　工作计划

序号	工作步骤	要求	学时安排	备注
1	图标改版设计思考，并绘制相关图标草图	根据任务 1 中的全国大学生广告艺术大赛官网图标分析，提出改良方案，并绘制草图		
2	完善 PPT	将总结的大广赛官网图标改版设计方案制作成 PPT 中的第二部分		

6. 实施提示

（1）认真阅读任务书和"引导性问题"中的知识点；

（2）根据任务 1 的分析，提出改良方案；

（3）根据大广赛图标改良方案完成创意图标设计草图。

图 1-13 是蓝瑶同学的手绘方案，这一套图标在大广赛原有方案的基础上进行了改良。首先，图标的外形框架更加统一，大部分图标以纸张文件作为主要造型。其次，图标信息传递更准确。例如，原来的 "获奖名单"以圆角五星作为图标，不能与文字信息相匹配。目前

的图标设计内容为"名单＋奖杯"，表达的信息更准确。然后，图标的外观、细节设计与网页的整体风格相一致。不过，这套方案有一些细节还需要改进，图标内部的一些线条需要删减，这样能让图标更加简洁（图1-13）。

7. 评价反馈

按学生自评、小组互评、教师评价三种方式评定每位学生完成学习任务的情况，并将学生自评成绩占总成绩的20%、小组互评成绩占总成绩的30%、教师评价成绩占总成绩的50%作为每位学生的综合评价结果（表1-6）。

图1-13　蓝瑶同学图标手绘稿

表1-6　评价表

序号	评价项目	评价标准	分值	学生自评	小组互评	教师评价
1	任务解读	能认真阅读任务书，理解任务要求	10			
2	提出方案	能够根据前期项目分析，提出草图方案	20			
3	图标方案的系统性	能保质保量完成一套图标的草图设计方案	20			
4	设计改良方案	设计改良方案思路要清晰，内容含金量要高	10			
5	工作态度	态度端正，无故不缺席、不迟到、不早退	10			
6	工作完成质量	能按计划完成工作任务	10			
7	协调能力	能与小组成员合作交流，协调工作	5			
8	职业素质	善于借鉴并查阅相关资料	5			
9	创新意识	工作方案有创新点	10			
		合计	100			

8. 拓展学习

扫描下方二维码，获取更多 UI 资讯。

图标设计

实训任务 1.3　图标绘制

1. 学习目标

（1）正确识读任务书；

（2）掌握图标绘制的方法和步骤；

（3）根据上一任务分析大广赛官网的图标修改方案，制作大广赛官网的图标。

2. 任务书（表 1-7）

表 1-7　任务书

项目名称	大广赛官网图标改版——图标制作
项目背景	大广赛自 2005 年至今，遵循"促进教改、启迪智慧、强化能力、提高素质、立德树人"的宗旨，成功举办了 14 届 15 次，全国共有 1679 所高校参与，百万名学生提交了作品
网页图标设计制作	①设计网页图标的标准要规范：图标外圈与内圈的大小、线条的粗细等要有统一的标准。设计图标时要注意不能固守标准，只要达到视觉上的统一即可； ②在制作网页图标的过程中，可以在草图的基础上对图标进行一些调整，如对图标中的线条进行连接、删除。在尽量简化图标的基础上保障图标的可识别性； ③图标的色彩系统要与网页色彩系统协调统一
作品要求	大广赛官网的图标制作要求

3. 工作准备

（1）仔细阅读工作任务书，进行分析和讨论并填写进度表；

（2）充分了解项目背景，确定图标制作软件安装完成；

（3）结合任务书分析图标制作的难点和常见技术问题。

4. 引入问题

我们用哪些软件绘制图标？具体如何绘制？用不同软件绘制的图标有什么不同？

目前常用的绘制图标的软件有 AI 和 PS。AI 绘制图标的优点是 AI 的矢量图形是一种基于人工智能技术的图形，网格比较规范，容易转换图标的线面，其中直角一键转圆角的功能非常实用；其缺点是调色困难，只能调整普通色块，调整复杂的色块会耗费较多时间。PS 的优点是调色功能显著，图标的形状剪切功能中规中矩；其缺点是设计线性图标时需要进行布尔运算，描边操作不方便。

我通常是将二者结合起来绘制图标：首先用 AI 构造基本的形状。如果图标作品要进行展示，就用 PS 软件对图标作品进行调色和展示；如果图标作品放在界面中使用，就需要用 Sketch 对图标作品进行调色。

参数如何设置？参考线如何绘制？

这里采用的是 AI 绘制图标的参数设置和参考线绘制方法。

参数设置：首先，在首选项—参考线和网格，网格线间隔为 10 px，次分隔线为 10，勾选显示像素网格；其次，在画布框内单击鼠标右键，显示网格；最后，在视图中打开"对齐网格""对齐像素""对齐点"。图 1-14、图 1-15 为参数设置步骤。

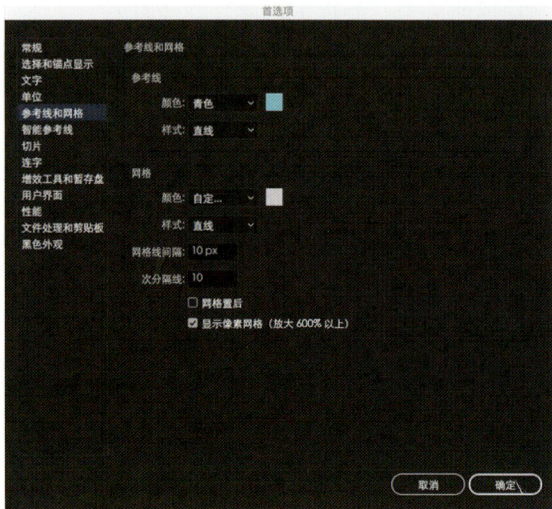

（1）点击首选项 - 参考线和网格，如左图参数设置。

图 1-14　参数设置

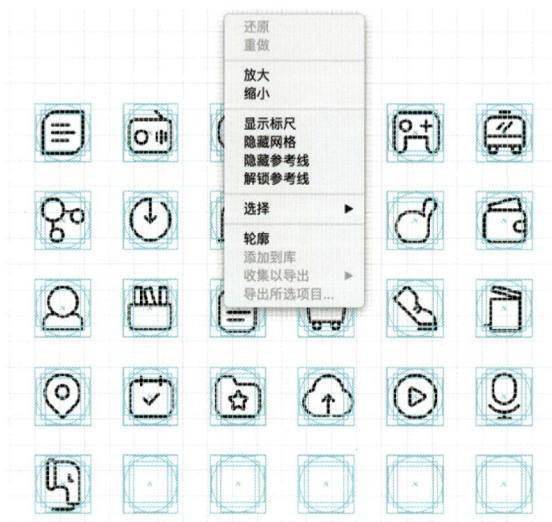

（2）画布框内点击鼠标右键，选择"显示网格"，就会看到界面显示很多个像素格子。

图 1-15　显示网格

参数设置完成后新建画布，画布一般为 800 px×600 px（Dribbble 展示的尺寸），图标应小且精致。参考线是为了规范图标而存在的，其一般有两种画法，即按照图标的复杂规范进行绘制与按照图标的简单规范进行绘制。

下面以 44 px 的图标为例（图 1-16）：

（3）点击视图，勾选对齐网格、对齐像素、对齐点。

图1-16 对齐网格

如何规范图标？

1）图标的复杂规范

画一个 44 px × 44 px 的正方形，颜色调为灰色，描边选择 0.25 px（72 ppi 下的 1 px 等于 1 px），然后画一个 42 px × 42 px 的正方形居于其中。这个 42 px × 42 px 的界线为安全界线，图标不能超过这个界线，以避免贴边切图，导致图标边界不自然。图 1-17 为绘制参考线的步骤。

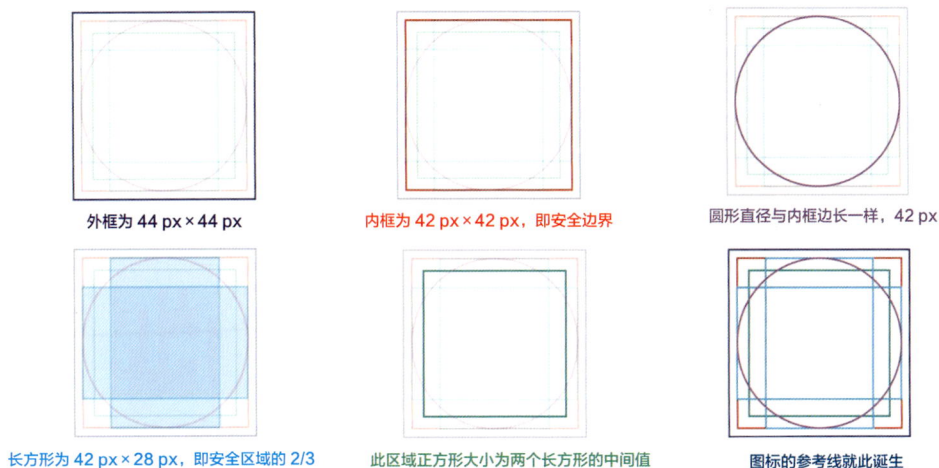

外框为 44 px × 44 px

内框为 42 px × 42 px，即安全边界

圆形直径与内框边长一样，42 px

长方形为 42 px × 28 px，即安全区域的 2/3

此区域正方形大小为两个长方形的中间值

图标的参考线就此诞生

图 1-17 绘制参考线的步骤

那么，参考线应该怎么使用？我们在画图标时，物体有圆有方、有长有短，若要统一体量，就需要用到内部的一些参考线。绘制完参考线后，根据个人感觉对其进行微调，直至其在个人视觉上的体量感达到一致（图 1-18）。

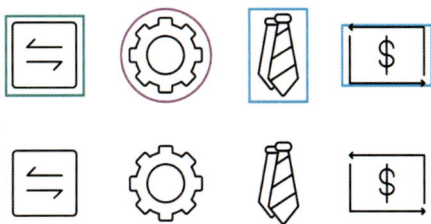

图 1-18 在视觉上具有统一体量感的图标

17

2）图标的简单规范

如果你已经能在图标的复杂规范下熟练绘制参考线，那么你就可以用较简单的参考线限制图标范围。简单的绘制方法是先画三个正方形，同样的线性选择灰色，描边选择 0.25 pt。这里有个口诀可以参考：长物体上下超左右不超、扁物体左右超上下不超、方物体要比圆物体小。图 1-19 展示了如何建立简单参考线。

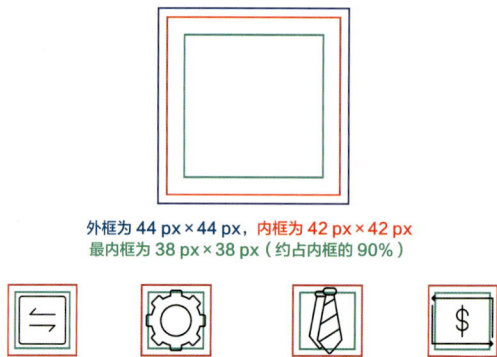

外框为 44 px × 44 px，内框为 42 px × 42 px
最内框为 38 px × 38 px（约占内框的 90%）

图 1-19　建立简单参考线

如何将 AI 上建立的参考线进行复用？

在画布中用描边 0.25 pt 绘制参考线，然后选中参考线，单击右键建立参考线（图 1-20）。

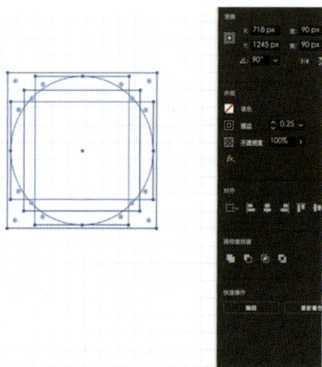

（1）按照 0.25 pt 绘制好参考线后，选中所有参考线。

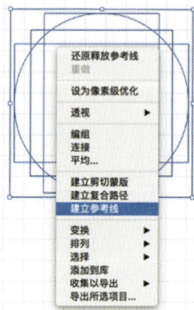

（2）点击建立参考线，参考线就会变成蓝色。

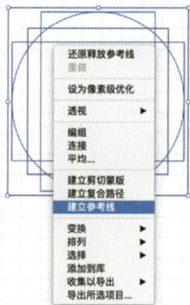

（3）再次右键—点击锁定参考线，参考线就会在画面中锁定。

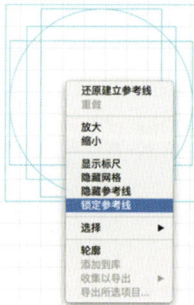

（4）想解锁的时候，同样右键—点击解锁参考线。

图 1-20　参考线的复用步骤

如何让各种形状的图标在参考线中实现统一？

参考线是为了限制图标的大小，从而让图标整体美观与规范。在绘制了很多图标后，本书总结出两个诀窍：①当你知道要绘制物体的形状时，只要不影响图标的辨识度，你就可以适当改变图标中物体的形状，确保图标中物体的形状尽可能饱满；②当图标中物体的形状不宜饱满时，可以将其上下或左右部分绘制饱满，然后旋转45度，以提升图标整体的美感。在绘制图标的过程中要注意以下几点（图1-21）：

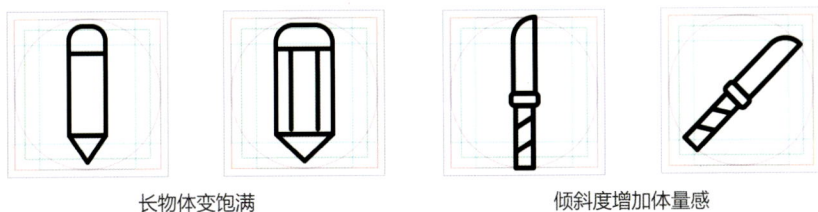

长物体变饱满　　　　　　　　倾斜度增加体量感

图1-21　绘制图标的要点

①绘制图标时要对齐网格或改变图标大小时要注意是否需要两边同时缩放，有没有产生半像素，如果有的话就手动拖动图标对齐网格。

②通过内描边的方式绘制线性图标更容易对齐网格，但是在内描边时只要通过加点进行断点的话，就会自动变为居中描边。那么内描边时怎样断点呢？可以对边进行对象—扩展，将其转换为形状，然后用布尔运算对其进行剪切。一般尽量居中描边，但经过检验，只要线对齐网格就不会影响图标的清晰度。

用PS绘制图标的简单规范如图1-22。

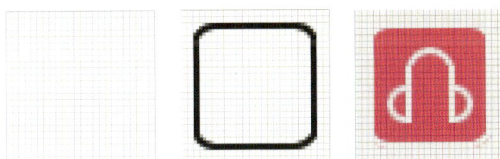

图1-22　用PS绘制图标的简单规范

5. 工作计划

首先每位学生根据表1-8完成相关任务，然后教师根据学生的任务完成情况提出改进意见。

表1-8　工作计划

序号	工作步骤	要求	学时安排	备注
1	AI图标绘制	根据之前绘制的图标设计草图，运用熟悉的软件绘制图标电子稿		
2	PS图标绘制	根据之前绘制的图标设计草图，运用熟悉的软件绘制图标电子稿		

大赛视觉

参赛流程

参赛流程

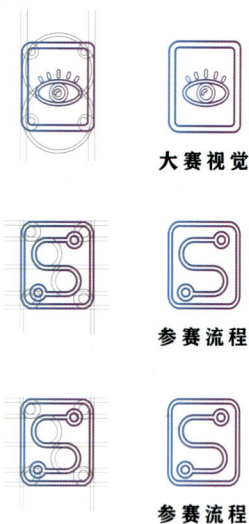

图 1-23　大广赛官网图标改版电子稿 1

6. 实施提示

（1）认真阅读任务书和"引导性问题"中的知识点。

（2）根据上一任务中的草图，制作图标电子稿；也可以选择 AI 或者 PS 进行图标绘制；二者结合使用也可以。

图 1-23、图 1-24 是蓝瑶同学设计制作的大广赛官网图标改版电子稿。

7. 评价反馈

按学生自评、小组互评、教师评价三种方式评定每位学生完成学习任务的情况，并将学生自评成绩占总成绩的 20%、小组互评成绩占总成绩的 30%、教师评价成绩占总成绩的 50% 作为每位学生的综合评价结果（表 1-9）。

参赛办法	参赛流程	参赛指导	大赛介绍	大赛视觉
问题解答	赛程安排	作品提交	大赛章程	命题讨论
大赛联系	赛区列表	获奖名单	作品提交	命题下载

命题下载

图 1-24　大广赛官网图标改版电子稿 2

表 1-9　评价表

序号	评价项目	评价标准	分值	学生自评	小组互评	教师评价
1	任务解读	能认真阅读任务书，理解任务要求	10			
2	图标制作规范	能掌握图标制作规范，并在操作过程中遵守这些规范	20			
3	图标制作细节	能保质保量完成图标制作任务，根据图标使用要求灵活处理设计细节	20			

序号	评价项目	评价标准	分值	学生自评	小组互评	教师评价
4	设计方案	设计改良方案时思路清晰，方案内容要有价值	10			
5	工作态度	态度端正，无故不缺席、不迟到、不早退	10			
6	工作质量	能按计划完成工作任务	10			
7	协调能力	能与小组成员合作交流，协调工作	5			
8	职业素质	善于借鉴并查阅相关资料	5			
9	创新意识	工作计划有创新点	10			
	合计		100			

8. 拓展学习

扫描下方二维码，获取更多 UI 资讯。

图标设计

◆课后思考

通过完成项目 1 中的 3 个实训任务，从接受大广赛官网图标改版任务，对原官网图标优缺点进行分析，进而提出修改方案并绘制草图，再选择合适的软件绘制图标电子稿，形成了一个完整的工作闭环。3 个实训任务分别对应了解 UI 图标基本规范、明确图标风格和设计原则、掌握图标绘制规范 3 项工作内容。

在 3 个实训任务中，学生可以针对自己的薄弱点加强练习。比如有的学生在制作图标时发现自己还不能熟练地运用 AI 技术，这就需要其加强对 AI 技术的学习。

◆课后练习

选择一套自己喜欢的经典图标，进行半临摹半创作练习。

项目 2
移动端 App 界面设计

学习目标

（1）能进行规范的手机 App 界面设计；

（2）能选择适合的品牌调性进行 App 界面设计；

（3）有较清晰的手机界面视觉流程。

职业能力

（1）能够理解工作任务的设计要求，有计划、有目标地进行 App 界面设计，掌握 App 界面设计流程与规范；

（2）能够设计并制作良好的视觉流程界面；

（3）能够运用相关软件的绘制界面。

项目任务

实训任务 2.1　手机界面设计基本规范

1. 学习目标

（1）正确识读任务书；

（2）掌握手机界面设计基本规范；

（3）根据手机界面规范，设计与制作手机 App 界面的大框架。

2. 任务书

在了解手机界面设计基本尺寸规范的基础上，运用 PS 绘制手机 App 界面大框架，其基本包含状态栏、动作栏、导航栏、主显示区、底部导航栏。

3. 工作准备

（1）仔细阅读工作任务书，进行分析和讨论并做好进度记录；

（2）充分了解项目背景，确定相关制作软件已安装完成；

（3）结合任务书分析 App 界面制作的难点和常见技术问题。

4. 引导性问题

App 首页的组成部分？

打开应用后，映入用户眼帘的第一个页面是首页，因此可以说首页是整个 App 中最重要的页面。首页通常由状态栏、动作栏等构成。具体分析如图 2-1。

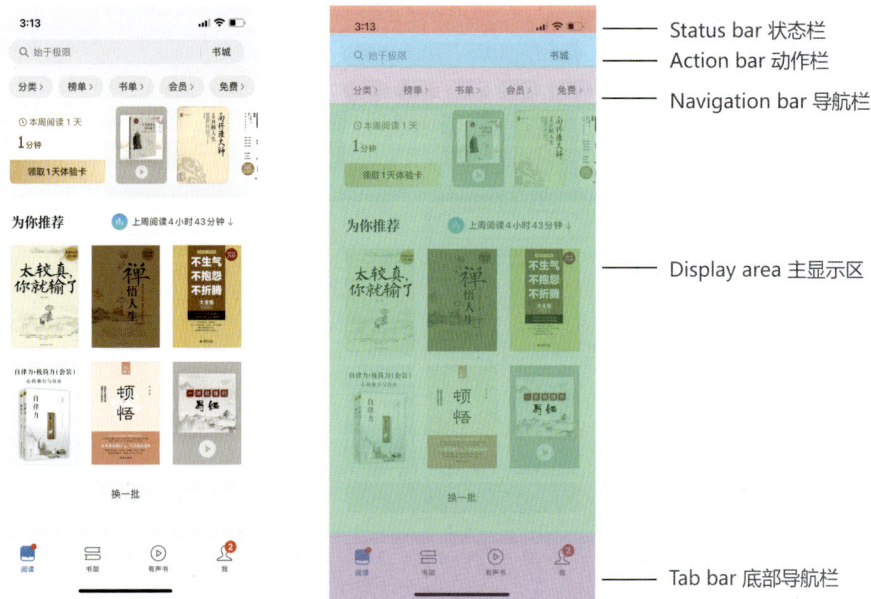

图 2-1　首页界面

什么是手机界面规范?

手机界面通常包含状态栏、动作栏、导航栏、主显示区、底部导航栏,有的动作栏也称为标签栏。

苹果系统规范或安卓系统规范是苹果系统或安卓系统对自己移动端系统设计的产品交互等作出的"说明和建议"。说明是对系统固有的一些规则进行讲解,是默认不可变更、自定义的;建议是对一些设计师可以自己决定的设计内容给出建议,确保设计的下限。

UI 设计师需要了解哪些规范?

新人在开始做移动端 UI 设计时,往往对界面的一些尺寸规范不是十分清楚,心里没有一个清晰的概念,这就导致做出来的页面不那么尽如人意。本书整理并汇总了一些界面设计(安卓系统)常用的尺寸规范和方法,如控件间距、适配、标注、切图等,设计师在设计时并不一定要严格遵守这些规范和方法,但应对其有所了解,能融会贯通。

1)界面设计尺寸和栏目高度

根据当前主流的设备设定界面尺寸和栏目高度,控制规范、界面规范分别见表 2-1、表 2-2。

表 2-1　控制规范

分辨率	DPI	状态栏高	导航栏高	动作栏高
720 px × 1280 px	XHDPI	50 px	96 px	96 px
1080 px × 1920 px	XXHDPI	60 px	144 px	150 px

表 2-2　界面规范

屏幕大小	启动图标	操作栏图标	上下文图标	系统通知图标	最细画笔
320 px × 480 px	48 px × 48 px	32 px × 32 px	16 px × 16 px	24 px × 24 px	不小于 2 px
480 px × 800 px 480 px × 854 px	72 px × 72 px	48 px × 48 px	24 px × 24 px	36 px × 36 px	不小于 3 px
720 px × 1280 px	96 px × 96 px	64 px × 64 px	32 px × 32 px	48 px × 48 px	不小于 4 px
1080 px × 1920 px	144 px × 144 px	96 px × 96 px	48 px × 48 px	72 px × 72 px	不小于 6 px

2)边距和间距

在设计手机界面时,界面边距和元素的间距设计规范是非常重要的。一个界面是否美观、是否清晰与边距、间距的设计规范紧密相关。

首先是全局边距,全局边距指界面内容到屏幕边缘的距离,整个应用的界面都应该以此来进行规范,达到界面整体视觉效果的统一。设置合理的全局边距可以更好地引导用户竖向阅读。在实际应用中,我们应该根据不同的产品气质采用不同的边距,让边距成为界面的一种设计语言,常用的全局边距有 32 px、30 px、24 px、20 px。当然,除了这些还有更大或者更小的边距,上面说到的边距只是常用的,其有一个特点,即数值全是偶数。

卡片间距就是卡片之间的距离。卡片布局是手机页面设计中常见的布局类型,卡片之间的距离设置需要根据界面的风格以及卡片承载信息的多少来界定,通常不小于 16 px,过小的间距会让用户产生紧张情绪;当然间距也不宜过大,过大的间距会使界面看起来松散,间距的颜色可以与分割线一致,也可以更浅一些。卡片间距的设置是灵活的,一定要根据产品的特点和实际需求去设置,平时也可以多截图并测量各类 App 的卡片间距,这样会更得心应手。

内容间距是界面中具体图文线条等内容的间距。单个元素之间的相对距离会影响我们感知它是否为一体以及如何组合在一起。比如板块间距大于板块边距,也应该大于板块内图文的间距,标题与正文的间距大于段落间距、大于行距。

3）文字规范

移动端的文字也有字号、字体要求。安卓系统的中文字体采用的是思源黑体,英文字体为 robot,只使用偶数单位 24 pt、28 pt、36 pt 等字体。

5. 工作计划

首先每位学生根据表 2-3 完成相关任务,然后教师根据学生的任务完成情况提出改进意见。

表 2-3　工作计划

序号	工作步骤	要求	学时安排	备注
1	界面规范学习	阅读界面尺寸规范		
2	PS 界面绘制	根据界面规范,运用 PS 软件绘制电子稿		

6. 实施提示

(1)首先认真阅读任务书和"引导性问题"中的知识点。

(2)根据界面尺寸规范,制作电子稿,既可以选择 AI 或者 PS 进行绘制,也可以将二者结合使用进行绘制。

制作步骤:

①打开【PS】,新建【1080×1920】的画布,并划分出状态栏、动作栏、导航栏等,如图 2-2 所示。在桌面标尺上点击右键可以选择"像素"刻度,这样方便在拖动辅助线时找准像素值。

②给状态栏和动作栏填充颜色,并绘制状态栏和动作栏的内容,如图 2-3 所示。

③将广告图片和功能图标复制到 Banner 区域。

④在主显示区添加其他元素。

⑤绘制导航栏按钮和图标。

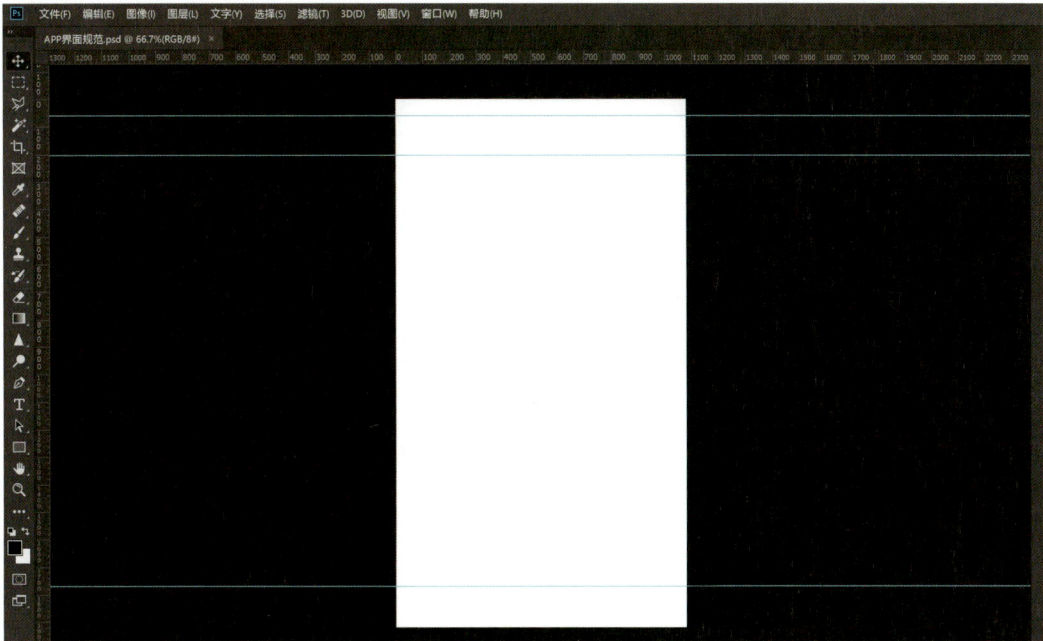

图 2-2 用辅助线分栏

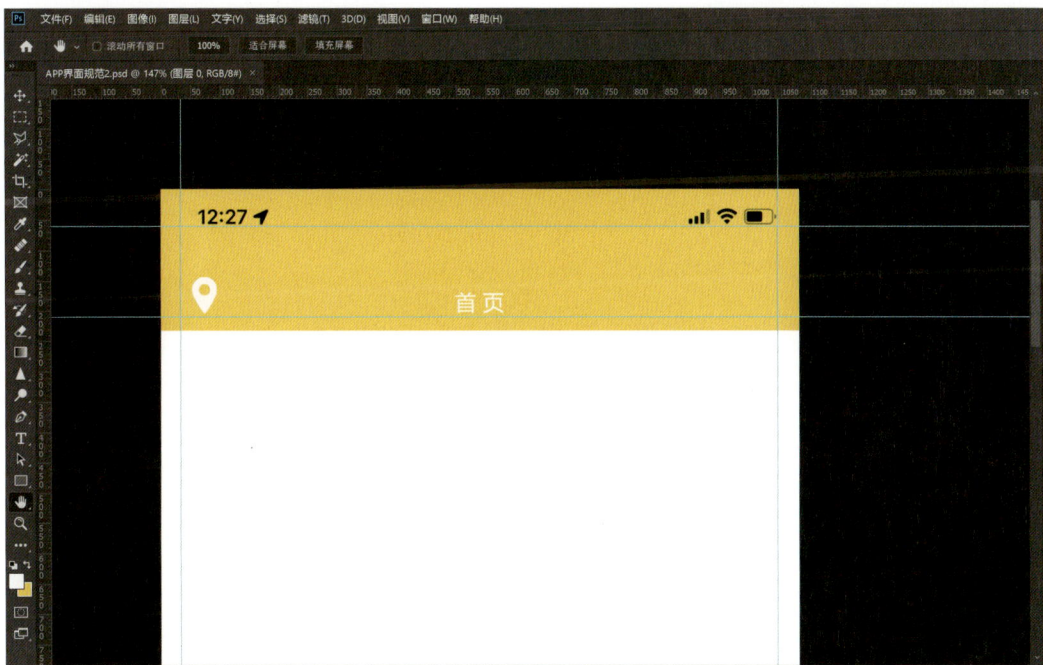

图 2-3 绘制状态栏与动作栏

7. 评价反馈

按学生自评、小组互评、教师评价三种方式评定每位学生完成学习任务的情况，并将学生自评成绩占总成绩的 20%、小组互评成绩占总成绩的 30%、教师评价成绩占总成绩的 50% 作为每位学生的综合评价结果（表 2-4）。

表 2-4 评价表

序号	评价项目	评价标准	分值	学生自评	小组互评	教师评价
1	软件使用	能熟练使用 CorelDRAW、Adobe illustrator、Photoshop 等软件	20			
2	图形造型表达	有较好的识别性、艺术性、创新性	10			
3	界面规范	界面尺寸规范应用	20			
4	风格把控	图形元素风格统一，画面整体协调	10			
5	工作态度	态度端正，无故不缺席、不迟到、不早退	10			
6	工作质量	能按计划完成工作任务	10			
7	协调能力	能与小组成员合作交流，协调工作	5			
8	职业素质	善于查阅并借鉴相关资料	5			
9	创新意识	工作方案有创新点	10			
合计			100			

8. 拓展学习

扫描下方二维码，获取更多 UI 资讯。

手机界面规范

实训任务 2.2　UI 配色方案

1. 学习目标

通过学习本任务，学生应该：

（1）正确识读任务书；

（2）掌握 UI 配色要点，能够为 App 界面搭配符合主题的色彩。

2. 任务书

在绘制 App 界面大框架电子稿的基础上进行界面色彩搭配。

3. 工作准备

（1）仔细阅读工作任务书，进行分析和讨论并做好进度记录；

（2）充分了解项目背景，确定 App 界面制作软件已安装完成；

（3）结合任务书分析 UI 配色的难点和常见技术问题。

4. 引导性问题

UI 界面色彩的重要性体现在哪里？

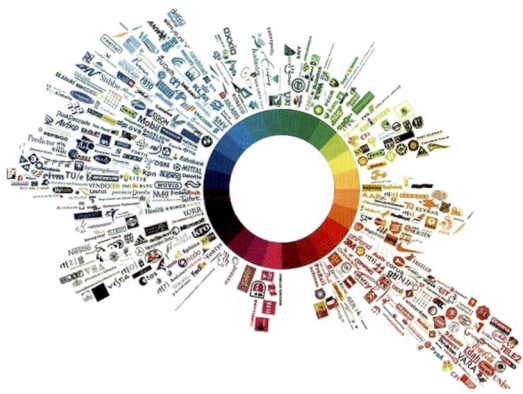

图 2-4　UI 界面色彩示例 1

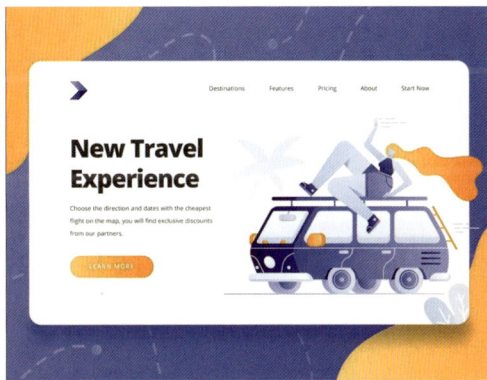

图 2-5　UI 界面色彩示例 2

在浏览界面时，界面的色彩往往会给人留下深刻印象，它直接影响阅读者的兴趣。对于 UI 设计师来说，颜色很重要，因为它会对使用者产生深远的影响。选择颜色要三思而后行，每种颜色都有自己的意义。不同的颜色使人产生不同的心情和精神状态，每一种颜色都有其主题表现与情感诉求，这就是所谓的色彩心理学。色彩的选择需要与行业特征、客户个性和企业文化保持一致。UI 设计需要保持色彩的协调性。文字、图形、色彩是 UI 设计的基本三要素，其中色彩是至关重要的。色彩能充分烘托和渲染画面。色彩确实在向读者传达信息方面发挥着至关重要的作用（图 2-4、图 2-5）。

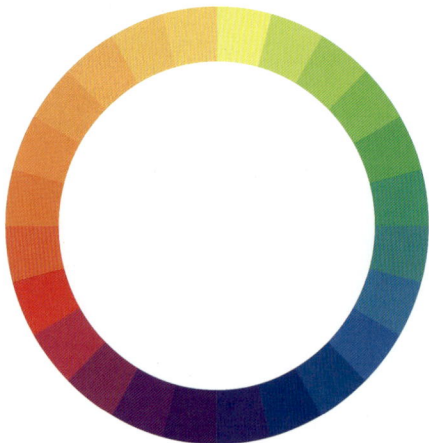

图 2-6　不同的色彩

不同的色彩之间有什么不同，对其的情感体验又是什么呢?

色彩能让人产生情感共鸣。色彩情感是人们主观的生理因素和心理因素作用的结果，不同的色彩通过视觉神经传入大脑后，经过思维，与以往的记忆及经验产生联想，从而形成不一样的色彩心理反应。不同的色彩让人们的心理产生不同的情感，色彩对人们心理的影响是客观存在的，能够引起人们的生理反应，如喜悦、恐惧、忧伤、舒缓、紧张等。值得注意的是，由于文化的差异，不同民族赋予同一种色彩的意义不尽相同（图 2-6）。

自然界中蓝色的事物随处可见，如蔚蓝的大海和晴朗的天空，都是自由、祥和的象征。蓝色对视觉刺激较小，能够缓解紧张情绪，让人联想到深邃的海洋、浩瀚的宇宙、高远的天空，具有深邃、理智、博大、真理、空寂等含义。中国人将蓝色看作典雅庄重的色彩，并以此形成了具有华夏民族神韵的中国蓝文化，如青花瓷器、蓝印花布等。纯蓝色给人的感觉是平静、理智与纯净；浅蓝色给人的感觉是青春朝气；深蓝让人感觉沉稳，使人联想到神秘莫测的深海和宇宙。而在西方，"蓝色音乐"指的是悲伤的音乐。

绿色是大自然最原始的颜色，刺激性适中，对生理和心理的刺激都很温和，是轻松舒爽、赏心悦目的色彩，因此绿色是大多数人喜欢的颜色。其象征着和平、活力、青春、希望、轻松、安逸、公正、环保等。绿色和蓝色混合呈蓝绿色，常使人联想到湖泊、宝石等；当绿色混合白色时呈浅绿色，其会让人感到宁静、清爽、舒畅、轻盈；绿色混合黑色呈深绿色，其像充满苍翠茂盛的森林之色，给人以富饶、安稳、隐蔽、古朴、幽深的感觉。

黄色是所有色彩中最亮、最活跃的，是色相环中品质最轻薄的三原色之一。在我国古代，黄色是高贵与权威的象征。当黄色具有鲜艳的色彩强度时，会给人以光明、辉煌、纯正、活泼、权势、高贵、诱惑等感觉。在日本，黄色代表勇气。

橙色是仅次于红色的暖色调，是所有色彩中让人感觉最温暖的颜色，也是一种令人兴奋的颜色。它虽然不及红色给人的视觉刺激那么强烈，但其明度高、可见度强，常发挥警示作用，比如救生衣、安全帽的颜色等。橙色能让人联想到丰硕的果实，象征着成熟、辉煌、富贵等，它代表收获，能使人产生欢快感。

红色是品质纯粹、个性鲜明的三原色之一。红色能让人联想到火焰、太阳、血液、红花、红旗等。高饱和度的红色向人们传递兴奋、热烈、艳丽、吉祥、危险、敬畏、禁止等信息。若红色的明度和饱和度发生改变，其含义也会发生相应改变，比如粉红色让人感到温馨雅致，意味着浪漫、妖媚、幸福、甜蜜等。红色在中国传统文化中表示喜庆、热烈之意，被认为是幸福和幸运的颜色，相关的红色装饰品常被用于婚宴等场合；日常生活中红色常具有警示作用，如红灯、红色警示牌等。

紫色是大自然中少有的色彩，但其在设计中经常被使用，给人以高贵、奢华、浪漫之感。紫色是神秘、浪漫、高贵、优美、优雅的象征，自古以来中国就有"以紫为贵"的文化传统。明亮的紫色可以让人产生妩媚优雅之感，因此女性偏爱紫色。深紫色给人珍贵、成熟、神秘、深刻、忧郁、悲哀的感觉。紫色跨越了暖色和冷色，介于冷暖色之间。冷色和暖色没有严格的界线，它是相对而言的。偏红的紫色自然就偏暖，给人以华丽富贵之感，偏蓝的紫色则让人感觉偏冷，给人以沉着高雅之感。

白色是所有色光相加形成的色彩，因此有"全光色""复合光"之称，是万光之源。白色具有一尘不染的特征，象征着纯洁、神圣、光明、洁净、坦率、正直等，白色与所有色调都易于调和，所以应用较为广泛。

黑色让人感到稳重、安静、庄严、庄重、坚毅，在视觉艺术中是一种重要的颜色，往往让人产生庄严、肃穆与深沉的感觉。在色彩中黑色与白色一样，都被称为"极色"。

灰色介于白色和黑色之间，是一种能最大限度满足人们眼睛对色彩明度、舒适度要求的中性色。灰色可以有效调节视觉疲劳，同时可以缓解压力、调节神经。灰色给人以谦逊、沉稳、含蓄、优雅、平凡、暧昧、消极、灰心之感。它具有调和各种色相的作用，是重要的配色元素。

金属色主要指金色和银色，也称光泽色。金色和银色是色彩中最华丽的颜色，金色属于暖色，给人以富丽堂皇之感，象征着富贵；银色是冷色，给人以雅致高贵之感，象征着纯洁、信仰。金属色能与所有色彩协调搭配，并增强原色彩的靓丽感。

色彩如何搭配？

色彩涉及色相、明度、纯度三个属性，我们通过色彩的色相属性辨别色彩的"面貌"，通过明度属性辨别色彩的明暗，通过纯度属性辨别色彩的饱和度，这三个要素相互影响、相互制约，形成了不同的色调、冷暖性等（图 2-7）。

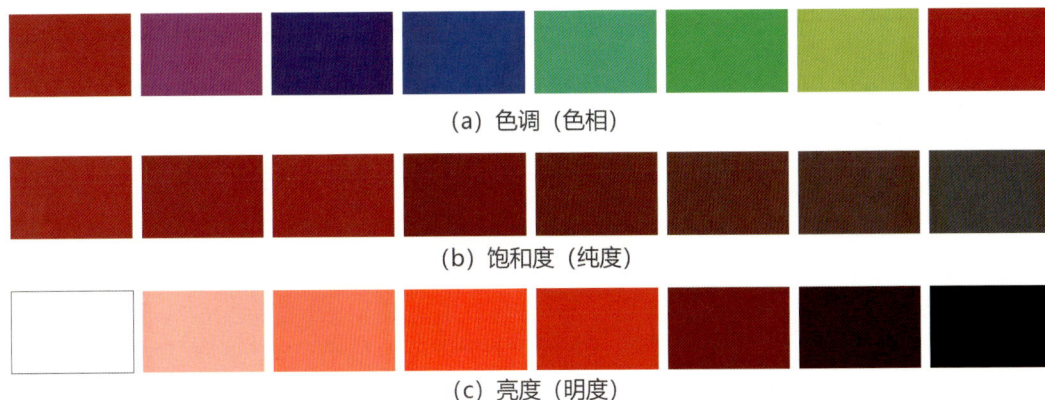

(a) 色调（色相）

(b) 饱和度（纯度）

(c) 亮度（明度）

图 2-7　色彩的三个属性

在界面设计时要协调各种色彩，通过色彩的搭配形成鲜明的"调子"并非易事（图2-8）。

图 2-8　协调各种色彩的要点

可从以下几个方面综合考虑同色系色彩的使用：运用同色系的色彩变化进行不同层次、虚实的色彩搭配，实现色彩的和谐统一。这种色彩搭配的方式更可靠，其形成的色彩特点是统一、柔和（图2-9、图 2-10）。

图 2-9　单色调1

图 2-10　单色调2

邻近色搭配是在设计中使用色相环上位置邻近的 2 ～ 3 种色彩，这些色彩之间既有共性又有区别，并通过改变其明度、纯度进行配色组合。这种配色方式既能让整体产生色彩美感又具有一定的个性，可以达到理想的配色效果。如蓝、绿两色作为邻近色，在设计中容易控制并能获得非常好的视觉效果，是设计中使用频率较高的配色（图2-11、图2-12）。

邻近色 / 相似色
色相环上 **90°** 取色

图 2-11　邻近色 1

邻近色
色相环上 **90°内**取色

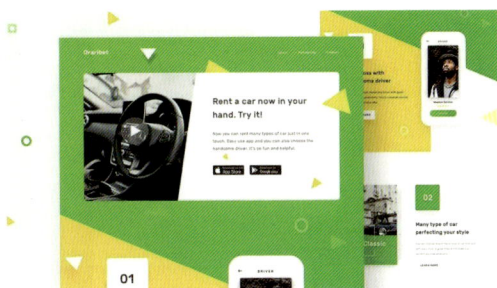

图 2-12　邻近色 2

使用对比色往往能产生强烈的视觉色彩对比关系，我们在配色时也经常使用。对比色的对比效果会令画面产生鲜明、强烈、华丽、易于捕捉的视觉特征，进而让人感到兴奋、激动，但使用不当也会让人产生刺激、生硬之感。为了避免使用不当导致的对比色彩的不协调，我们可以通过改善对比色双方关系进行调整，如增加无彩色系的成分、在对比色中加入无彩色系，包括黑色、白色，或由黑色、白色混合而成的深浅不同的灰色。由于无彩色系只有明度这一基本特性，因此可以和各种有彩色系的色彩搭配，并能获得良好的配色效果，同时黑色、白色、灰色的使用能更好地突出有彩色系色彩的魅力（图 2-13、图 2-14）。

对比色 / 互补色
色相环上 **180°** 取色

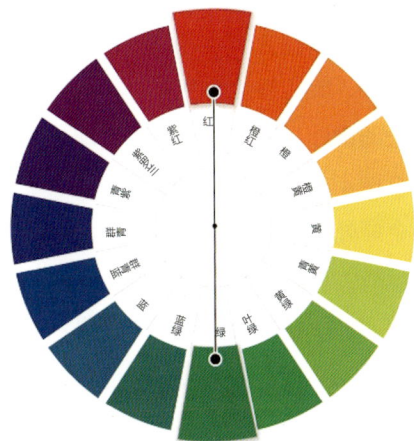

图 2-13　对比色 1

对比色
色相环上 180°取色

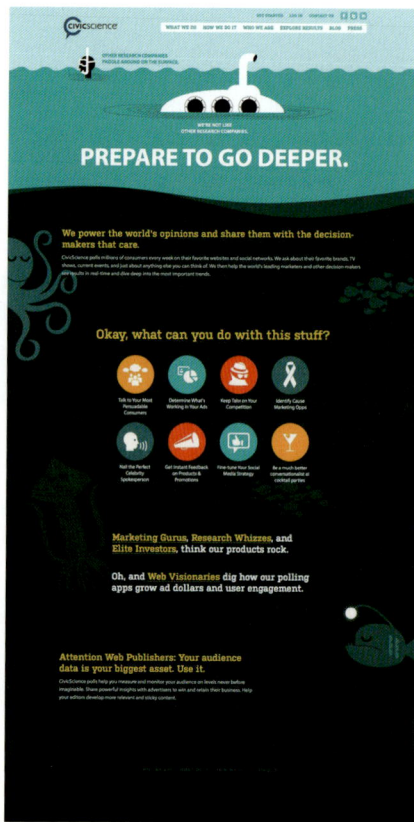

图 2-14　对比色 2

多元色彩是顺应时代发展而产生的一种高纯度、多色彩的色彩表现形式。多色彩作品大多用鲜明的色彩，以体现"年轻时尚""精力充沛"的设计主题。色彩在设计中的存在价值是文字与图形无与伦比的，它具有"先于形象，大于形象"的特性。色彩的恰当使用必然体现人对色彩的情感与生理特点，每一个主题都必须运用符合该主题色彩的作品，独特的色彩运用能使画面效果别具一格。

色彩风格的确定取决于网站的目标定位，不同的色彩组合形成各种风格的 UI 色彩设计风格。这种色彩风格在网页中非常普遍。网页大部分点缀红色，其余主要是橙色和黑白灰。一种色彩加黑白灰，能让整体的色彩更易把控，界面的设计感也更强。

不同行业的设计目标的差异决定了配色目标和理论的差异，所以当我们接到项目后，可以先与需求方确定好设计目标，然后以此明确配色方向，保证配色与设计方向的准确性。这样做的另一个好处是，我们可以在项目之初就与需求方进行沟通并取得对方信任，达成共识，进而提炼配色的关键词：清晰、舒适、引导、品牌感。而推广设计的配色关键词为：吸引力、氛围、快速传递。信息传递：产品的首要目的是传递用户所需要的信息，这就需要界面有清晰的层级关系，能让人产生明确、舒适的阅读体验。品牌价值：很多人会忽略这一点，进而导致产品的界面与品牌的关联度较低，界面整体缺乏品牌感。我们可以将这些关键词作为衡量目标，以此来寻找正确的配色方向，或者检验作品的配色是否正确。

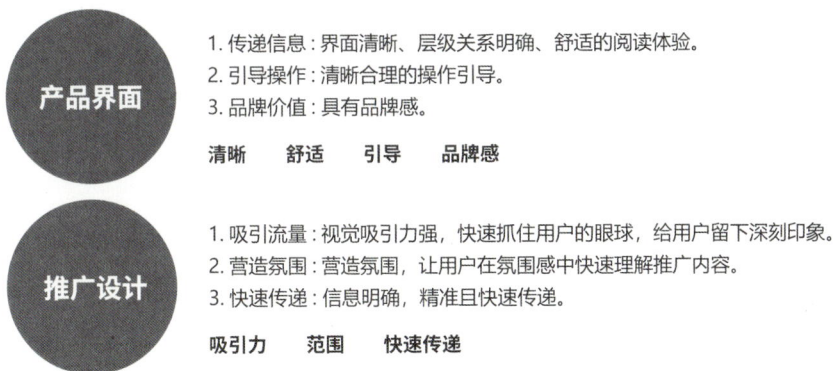

图 2-15　产品界面与推广设计

　　一般来讲，选择色彩首先要考虑色彩是否与企业视觉形象系统（也就是 VI 设计）中的标准色彩和辅助色彩相一致。设计师必须尊重品牌的视觉资产，保持机构品牌形象与其易被识别的一致性。如果企业没有专门的 VI 设计，我们就需要根据企业文化和客户个性，选择合适的配色方案。配色方案有黑白灰、同种色、同类色、邻近色、无彩色、对比色等。配色方案的选择原则为要体现网页主题的性质、企业的特点。如果我们的网页与饮食相关，就采用橙色和红色。

　　一部好的电影，通常情况下需要一个明确的主角，它主导着整部电影的走向，对于设计作品来说，也是相同的道理。在配色过程中，首要任务是确定配色的主色，并在整个作品设计过程中明确它的地位，让它来主导整个画面的色彩（图 2-16）。

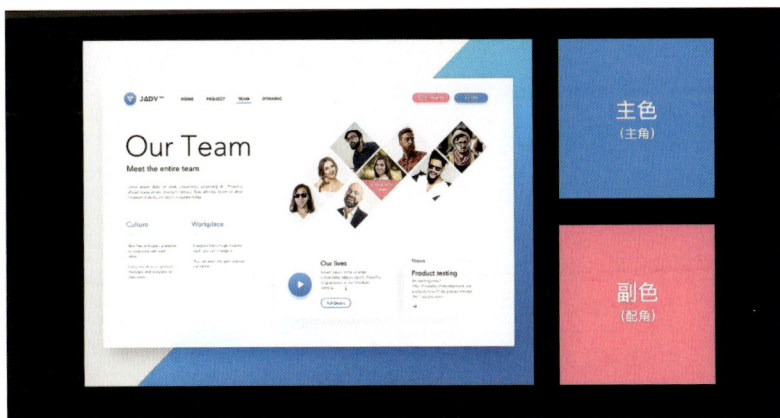

图 2-16　主色与副色

　　在产品页面的设计中，主色是传达品牌感的重要元素。明确的主色能够让整个界面产生强烈的品牌感。反之，整体配色会让人感觉十分混乱，影响品牌感的表达。

5. 工作计划

　　首先每位学生根据表 2-5 完成相关任务，然后教师根据学生的任务完成情况提出改进意见。

表 2-5　工作计划

序号	工作步骤	要求	学时安排	备注
1	品牌调性分析	分析品牌的风格和调性		
2	UI 界面色彩方案	阅读界面色彩搭配策略；根据主题调性选择合适的配色方案		

6. 实施提示

（1）认真阅读任务书和"引导性问题"中的知识点。

（2）根据信息传递、品牌价值维度规划色彩方案。

7. 评价反馈

按学生自评、小组互评、教师评价三种方式评定每位学生完成学习任务的情况，并将学生自评成绩占总成绩的 20%、小组互评成绩占总成绩的 30%、教师评价成绩占总成绩的 50% 作为每位学生的综合评价结果（表 2-6）。

表 2-6　评价表

序号	评价项目	评价标准	分值	学生自评	小组互评	教师评价
1	软件使用	能熟练使用 CorelDRAW、Illustrator、Photoshop 等软件	20			
2	品牌色彩意识	根据品牌色彩标准使用色彩	10			
3	色彩搭配	规范运用界面尺寸	20			
4	风格把控	图形元素风格统一，画面整体和谐	10			
5	工作态度	态度端正，无故不缺席、不迟到、不早退	10			
6	工作质量	能按计划完成工作任务	10			
7	协调能力	能与小组成员合作交流、协调工作	5			
8	职业素质	善于查阅并借鉴相关资料	5			
9	创新意识	工作方案有创新点	10			
	合计		100			

8. 拓展学习

扫描下方二维码，获取更多 UI 资讯。

网页色彩 1　　　　网页色彩 2　　　　网页色彩 3　　　　网页色彩 4

实训任务 2.3　App 顶部导航栏设计

1. 学习目标

通过学习本任务，学生应该：

（1）掌握手机 App 导航栏经验参数要点；

（2）能为 App 界面设计合适的导航栏。

2. 任务书（表 2-7）

表 2-7　任务书

项目名称	"集优农场" App 顶部导航栏设计
项目背景	"集优农场"是一款集合各地优质农产品资源，以线上售卖为主的电商 App，以绿色、有机、环保、优质为主要卖点。同时用户可以上传自己的农产品，建立自己的小商铺，实现商品的有效流通
作品要求	（1）顶部导航栏项目设计能满足商家对产品的推广需求，用户能依据自己所处的位置、喜好等搜索和选择商品； （2）顶部导航栏在视觉形象上与企业品牌形象保持统一； （3）顶部导航栏的图标、文字大小、间距设计合理，能让用户在视觉上产生良好的体验感。

3. 工作准备

（1）仔细阅读工作任务书，分析和讨论并做好进度记录；

（2）充分了解项目背景，确定 App 界面制作软件安装完成；

（3）结合任务书分析 App 导航栏的难点和常见技术问题。

4. 引导性问题

为什么叫导航栏？导航栏名称的来历？

导航栏是位于页面顶部或者侧边的、在页眉横幅图片上边或下边的一排水平导航按钮，它起着连接站点或者软件内的各个页面的作用。现实生活中，路标和路牌为我们指引方向，这与界面中的导航栏有异曲同工之妙（图 2-17）。

图 2-17　导航栏示例

导航栏的作用是什么?

App 导航栏位于屏幕顶部,集合了用户经常使用的一些功能,是页面不可缺少的组成部分。导航栏是帮助用户定位、导航、操作的基础组件,既负责告知用户其当前所在的位置,又负责提供页面跳转路径,允许用户在不同层级的界面之间实现自由跳转。我们在讲到导航栏时,常常会加前缀词,即一级导航栏和二级导航栏。那什么叫一级导航栏和二级导航栏呢?界面中比较重要的是首页界面,首页界面的导航栏就是一级导航栏,点开首页导航长线的界面就是二级页面,即二级导航栏(图 2-18)。

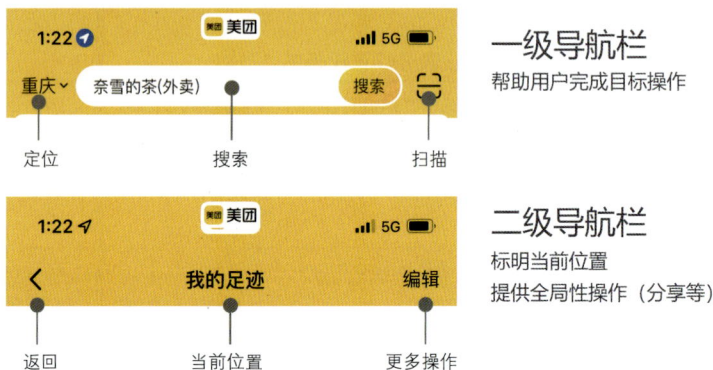

图 2-18　一级导航栏和二级导航栏

导航栏是怎样构成的?

导航栏通常分为左、中、右三部分,左侧和右侧主要用来放置功能控件,中间部分主要用来放置文字标题等。导航栏左侧的控件很多与"动作"相关,例如执行返回动作、关闭动作或者点击菜单进行展开动作等。左侧还可以放置头像框、消息提示等优先级较高的内容,引起用户的注意。根据使用场景的不同,导航栏中间部分还可以放置头像、搜索框、下拉框等控件,一些二级导航栏的中间部分也用于放置标题。 右侧区域放置功能图标是常见的设计方式,用户使用的功能如消息图标、搜索图标,都可以集中设计到导航栏的右侧区域(图2-19)。

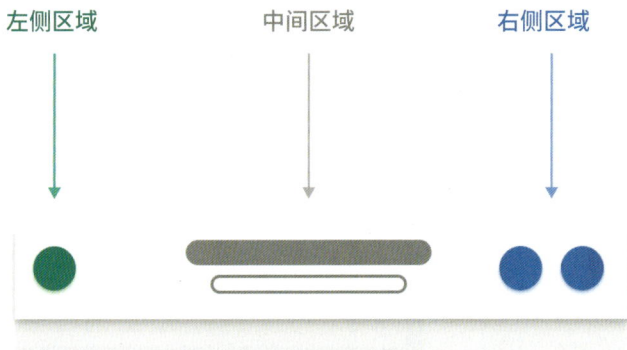

图 2-19　导航栏的区域划分

常见的导航栏设计样式是什么？

在一级导航栏中间区域经常能看到搜索框，然后搜索框左右两边可以放置其他控件。当导航栏的内容太多，如有文字标题、头像、按钮等控件，搜索栏和这些控件可能无法并排设计，这时就可以将搜索栏横向拉长，放在下一行单独展示（图 2-20）。

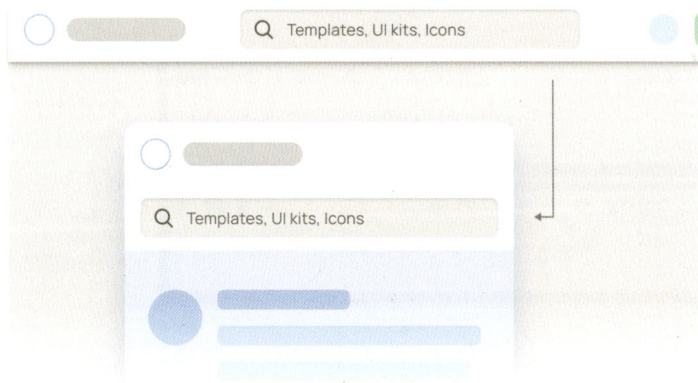

图 2-20　导航栏设计样式

我们在使用产品的过程中会发现，App 的导航栏或多或少都存在一些设计上的差异。常见的二级导航栏会在中间使用加粗的文字标题，也可以采用"主标题＋副标题"的形式展示更多信息（图 2-21）。

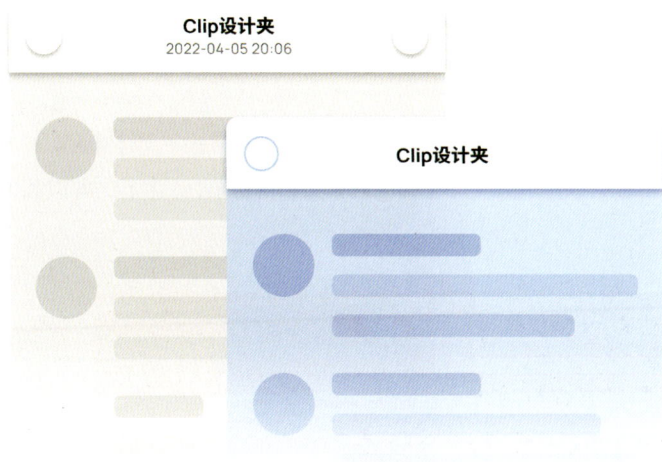

图 2-21　二级导航栏设计

根据导航栏和 Banner 之间是否分界，可以将导航栏样式分为通栏和非通栏。通栏就是导航栏直接达到页面最顶部，非通栏是整个导航栏跟 Banner 之间有明显的界线。我们可以站在产品和用户的角度来思考整个导航栏的设计。当我们把导航栏做成通栏时，Banner 会更加细腻，导航栏上的功能入口如"扫一扫"等在消息视觉层面表现力会更弱。如果整个产品首页希望更具空间感，则可以采用通栏格式。

如何做好导航栏？有没有数据尺寸要求？

图 2-22 中哪个导航栏的设计从视觉效果上来说更好呢？上面的导航栏是一个设计不合格的导航栏，它有很多视觉瑕疵。下面的导航栏是设计比较好的导航栏。上面的导航栏设计得不好的原因是：搜索框文字过大；间距留白让人感到不适；消息图标左右的间距设计不合理。

图 2-22　导航栏对比示例

而下面的文字格式、搜索框和消息图标的设计相对合理，能够让人对整个导航栏产生一种良好的视觉体验。因此，以上的经验性参数和设计细节会让设计更加合理、美观。

整个导航栏内图标的设计细节如图 2-23 所示。

图 2-23　导航栏的设计细节

文字的字号大小，一级导航栏搜索框的文字一般为 28 px，图标的文字为 18 px，二级导航栏的文字明显大一些，如标题文字，在 750 px×1334 px 的尺寸下，可以将其做成 36 px（图 2-24）。

图 2-24　导航栏内图标的文字设计

相比文字，搜索框内的图标、文字更加一体化。虽然图标、文字是单独的板块，但是搜索框有背景、文字和"放大镜"图标（图 2-25、图 2-26）。

◎设计尺寸 : 40 px、32 px

◎导出尺寸 :48 px

◎图标粗细 :3 px

图 2-25　搜索框内的图标设计

◎设计尺寸 : 750 px×128 px

◎深度还原，但更改配色

◎仔细体验参数

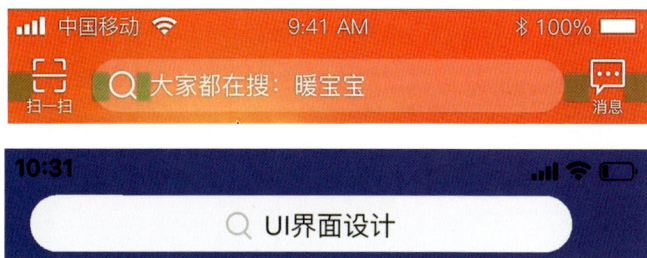

图 2-26　搜索框内的背景设计

搜索框内主要有渐变背景和纯色背景两种，具体选择哪种背景，根据是否需要凸显搜索功能来确定。合理的间距和留白能让整个界面更加美观，界面内的元素与元素之间有一些留白，能让用户在阅读整个界面时产生舒适感。

30 px　16 px　　　　30 px　30 px

图 2-27　界面内元素与元素间的留白

5. 工作计划

首先每位学生根据表 2-8 完成相关任务，然后教师根据学生的任务完成情况提出改进意见。

表 2-8　工作计划

序号	工作步骤	要求	学时安排	备注
1	App 界面导航栏认知	阅读 App 界面导航栏；根据主题选择合适的设计方案		
2	App 界面导航栏制作	运用 PS 软件绘制电子稿		

6. 实施提示

设计导航栏的几个细节：文字、图标、搜索框等，如果能够学习好这些板块，这些板块的设计参数就能为自己所用。根据导航栏经验型参数制作电子稿；选择 AI 或者 PS 来绘制图标；也可以二者结合使用。下面我们以"集优农场"的 App 界面设计为例，阐述顶部导航栏的设计规范与艺术表达。

1）项目分析与设计规划

"集优农场"是一家整合各地优质农产品资源、线上售买一体化的电商商家。在前期的品牌基础形象设计中，其品牌的 Logo、色彩等内容有统一的规划，App 界面设计将延续品牌形象的色调与图标风格。"集优农场"App 是一款销售农产品的电商平台，因此导航栏设计要有搜索功能、分类控件的通栏样式。这种形式能让用户知道自己当前所在的位置，也能让用户轻松浏览和搜索商品，同时让整个 App 的界面风格统一，展示品牌形象。

2）设计基本参数

以相关品牌手机为例，某品牌某型号手机屏幕尺寸为 1170 px×2532 px，其中手机状态栏（时间栏）高度设置为 92 px，导航栏高度设置为 156 px。内 Icon 尺寸为 32 px×32 px，导航栏内标题文字为 40 px×40 px，搜索提示文字为 32 px×32 px。

3）导航栏制作

第一步，了解这些基本的设计规范后建立文件，将品牌的标准色制成渐变色，作为界面的背景色（图 2-28）。

图 2-28　界面背景设计

第二步，控件栏的设计。控件栏包括关注、推荐及当前城市定位三项，文字选择方体，按照等高、等距格式进行排列。这里要注意一点，即在文字后面添加一个透明的背景框，这个背景框不用显示，但作为 Navigation bar 其必须存在。嵌入相机图标与消息图标，尺寸设置为 48 px×48 px，控件栏就设计完成了。另外，有几个细节需要注意：三个搜索项要按照居中、等距的方式排列，每个词语的间距设置为 72 px。最右侧图标与边界距离为 74 px，两图标的间距为 32 px。间距设置也是导航栏设计的关键，间距过窄会让导航栏内容显得密集拥挤，过宽又让导航栏控件显得松散。因此，在设计导航栏时要根据不同的界面尺寸进行调整，让用户保持视觉上的舒适感（图 2-29）。

图 2-29　控件栏的设计

　　第三步，设计搜索框。搜索框可设置为白色圆角矩形框，圆角像素可根据实际情况设定。高度为 72 px，宽度可在总宽度基础上左右两侧缩进 56 px，与控件栏左右两侧对齐。为了突出搜索框，我们可以增加阴影，阴影的参数以视觉清晰、不突兀为宜。在搜索框中嵌入放大镜图标，尺寸为 42 px×42 px，搜索占位文字为 32 px×32 px，色彩为 40% 的灰色。

　　导航栏在整个界面中具有非常重要的作用，直接关系到能否让用户顺利使用 App，能否给用户带来舒适的使用体验。因此，设计导航栏需要注意两点：第一，其在整体风格上与 App 界面色彩图形风格保持一致。第二，图标、文字、间距的设计能让人在视觉上保持通透、舒适之感，因此要注意了解文字图标设计的基础参数，但又不能教条化地使用这些参数，在设计过程中可依据 App 的实际视觉效果进行细微调整，给用户以舒适的使用体验。

图 2-30　搜索框的设计

7. 评价反馈

　　按学生自评、小组互评、教师评价三种方式评定每位学生完成学习任务的情况，并将学生自评成绩占总成绩的 20%、小组互评成绩占总成绩的 30%、教师评价成绩占总成绩的 50% 作为每位学生的综合评价结果（表 2-9）。

表 2-9　评价表

序号	评价项目	评价标准	分值	学生自评	小组互评	教师评价
1	任务解读	能认真阅读任务书，理解任务要求	10			
2	导航栏功能设计	充分认识导航栏对 App 的重要性，保证导航栏功能的完整性	20			

续表

序号	评价项目	评价标准	分值	学生自评	小组互评	教师评价
3	导航栏参数设计	熟悉导航栏中的图标、文字的基本参数及其间距参数，能够设计符合用户视觉审美需求的导航栏	20			
4	设计方案PPT	设计方案思路清晰，内容含金量高	10			
5	工作态度	态度端正，无故不缺席、不迟到、不早退	10			
6	工作质量	能按计划完成工作任务	10			
7	协调能力	能与小组成员合作交流，协调工作	5			
8	职业素质	善于查阅并借鉴相关资料	5			
9	创新意识	工作方案有创新点	10			
合计			100			

8. 拓展学习

扫描下方二维码，获取更多 UI 资讯。

App 导航栏
设计导航

实训任务 2.4　App-Banner 设计

1. 学习目标

通过学习本任务，学生应该：

（1）掌握手机 App 的 Banner 设计要点；

（2）能够根据 App 主题进行有创意和美感的 Banner 设计。

2. 任务书

根据视觉流程和主题需求进行 Banner 设计，并且绘制 Banner 电子稿。

3. 工作准备

（1）仔细阅读工作任务书，进行分析和讨论并做好进度记录；

（2）充分了解项目背景，确定 App 界面制作软件已经安装完成；

（3）结合任务书，分析 Banner 设计的难点和常见技术问题。

4. 引导性问题

什么叫 Banner？为什么要做 Banner？

Banner 在 UI 中表现为横幅广告块。Banner 满足了信息传播的需要，Banner 设计是为了配合某个运营活动而进行的面向用户的内容（图 2-31）。

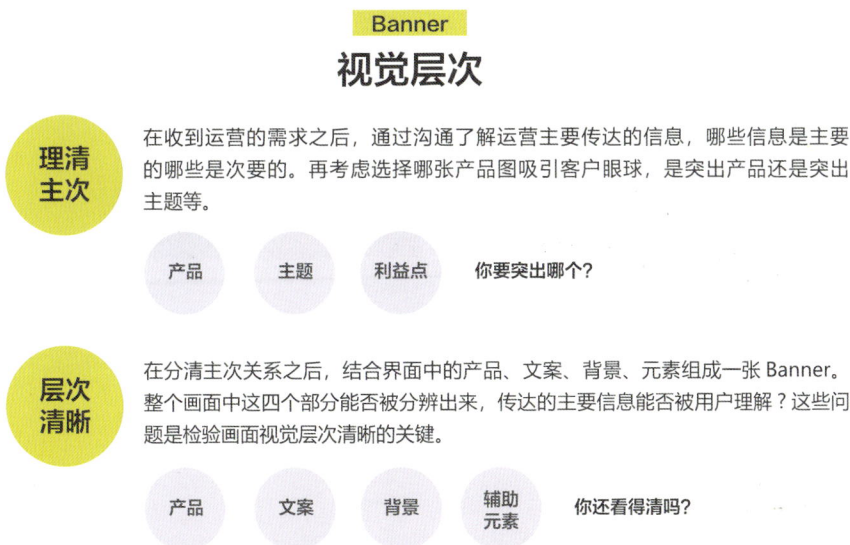

Banner

视觉层次

理清主次　在收到运营的需求之后，通过沟通了解运营主要传达的信息，哪些信息是主要的哪些是次要的。再考虑选择哪张产品图吸引客户眼球，是突出产品还是突出主题等。

产品　主题　利益点　你要突出哪个？

层次清晰　在分清主次关系之后，结合界面中的产品、文案、背景、元素组成一张 Banner。整个画面中这四个部分能否被分辨出来，传达的主要信息能否被用户理解？这些问题是检验画面视觉层次清晰的关键。

产品　文案　背景　辅助元素　你还看得清吗？

图 2-31　Banner 设计的视觉层次

在 Banner 设计过程中，我们需要考虑其大小、图文版式、字体、图片元素、背景色调和细节点缀等（图 2-32）。

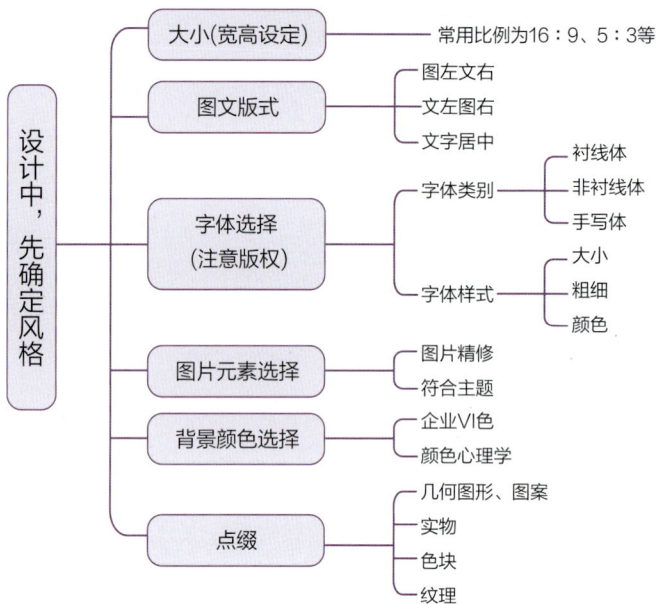

图 2-32　确定 Banner 设计风格的因素

Banner 的大小如何确定？

宽度和高度要根据界面不同图标的位置来确定，具体可参考图 2-33：左图是商品列表页的头图 Banner，设计时界面大小为 750 px×328 px；右图为"我的"页面的宣传广告，由于空间有限，界面大小为 750 px×200 px。

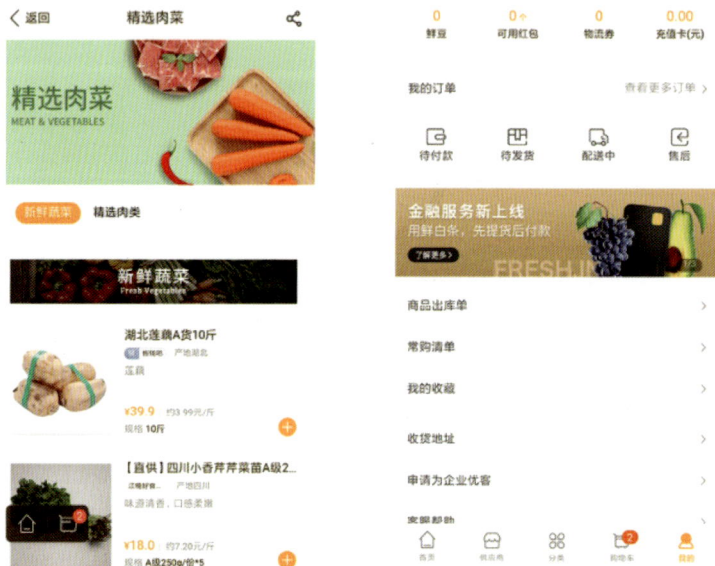

图 2-33　Banner 大小的设计

Banner 该如何设计呢？

要根据不同图标的整体安排设计 Banner，常见的设计方式是左右排版和文字居中、左图右文或者左文右图，因为这样符合人们从左至右的阅读习惯，能让用户快速接收信息。商品广告重点在图，通常在图左右两侧输入文案的主标题或副标题，发挥介绍商品的作用。运营活动的界面设计则要文左图右，文案是传达的主要内容，配图是发挥装饰整个 Banner 的作用，图文要具有关联性，能让用户更加形象地理解 Banner 传达的含义（图 2-34）。

总之，图 2-35、图 2-36 是 Banner 常见的几种构图形式，不同的构图形式可以让用户产生不同的感觉。我们要根据主题、素材等确定视觉层级，选择合适的构图形式。无论选择哪一种构图形式，都要注意不同元素之间的协调性，保障画面的和谐统一。

居中 产品与文案放在中轴线上，常见对称式构图

图 2-34　Banner 的构图形式 1

左图右文 常用的构图方式为左右平衡、突出产品，符合正常的阅读习惯

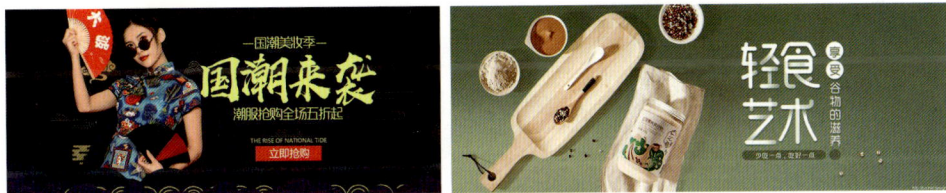

图 2-35　Banner 的构图形式 2

左文右图 常用的构图方式为左右平衡、突出产品，符合正常的阅读习惯

图 2-36　Banner 的构图形式 3

5. 工作计划

首先每位学生根据表 2-10 完成相关任务，然后教师根据学生的任务完成情况提出改进意见。

表 2-10　工作计划

序号	工作步骤	要求	学时安排	备注
1	手绘 App 界面 Banner 设计草图	首先明确引导性问题；根据主题手绘设计方案		
2	App 界面 Banner 制作	运用 PS 软件进行电子稿绘制		

6. 实施提示

1）设计构思

通过认真阅读任务书和"引导性问题"，并进行前期调查，我们了解到设计对象是某种功能性饮料，该饮料以"提神抗疲劳"为品牌利益点，目前需要将新的 IP 形象通过移动端的 App 进行宣传。根据新 IP 形象的设计诉求，确定 Banner 设计适合采用图文居中的对称样式构图；分析视觉元素主要包括 IP 形象中老虎的头部、老虎的名称、Logo 和其他延展图文，并对这些元素进行视觉层级分析。IP 形象为老虎，以此为视觉中心，将其放在中心位置。"耳机听音乐"为创意，延展的文字和声波衬托了"视觉中心"，声波设计为逐渐递减的灰色，吸引人的程度也从中间向外围逐渐减弱。

2）草图绘制

某功能性饮料的设计草图如图 2-37 所示。

图 2-37　某功能性饮料的宣传草图

3）Banner 尺寸

根据 Banner 经验型参数（图 2-38），设置商品列表页的主 Banner 大小——750 px × 328 px，一般在实际制作中会按照 2 倍图设置。根据设计草图绘制电子稿，可以选择 AI 或者 PS 绘制图标，也可以二者结合使用。

（4）确定视觉元素

明确视觉流程，确定 Banner 中视觉元素的形状、位置及色彩（图 2-39—图 2-41）。

图 2-38　Banner 经验型参数的选择

图 2-39　Banner 制作 1

图 2-40　Banner 制作 2

图 2-41　Banner 制作 3

7. 评价反馈

按学生自评、小组互评、教师评价三种方式评定每位学生完成学习任务的情况，并将学生自评成绩占总成绩的 20%、小组互评成绩占总成绩的 30%、教师评价成绩占总成绩的 50% 作为每位学生的综合评价结果（表 2-11）。

表 2-11　评价表

序号	评价项目	评价标准	分值	学生自评	小组互评	教师评价
1	任务解读	能认真阅读任务书，理解任务要求	10			
2	Banner 功能设计	根据品牌宣传需要、内容引导等进行设计	20			
3	Banner 细节	Banner 的文字、色彩等搭配协调，能够彰显品牌形象，并具有较强的视觉吸引力	20			
4	设计方案 PPT	设计方案思路清晰，内容含金量高	10			
5	工作态度	态度端正，无故不缺席、不迟到、不早退	10			
6	工作质量	能按计划完成工作任务	10			
7	协调能力	能与小组成员合作交流，协调工作	5			
8	职业素质	善于查阅并借鉴相关资料	5			
9	创新意识	工作方案有创新点	10			
	合计		100			

8. 拓展学习

扫描下方二维码，获取更多 UI 资讯。

App-Banner
设计

实训任务 2.5　App 底部 Tab 栏设计

1. 学习目标

通过学习本任务，学生应该：

（1）正确识读任务书，掌握手机 App 的底部 Tab 栏设计要点；

（2）能根据 App 进行底部 Tab 栏设计。

2. 任务书（表 2-12）

表 2-12　任务书

项目名称	"集优农场" App 的 Tab 栏设计
项目背景	"集优农场" App 是一款集合各地优质农产品资源、以线上售卖为主的电商平台。以绿色、有机、环保、优质为主要卖点。同时用户可以成立自己的小商铺，售卖自己的农产品，实现商品的有效流通
作品要求	（1）Tab 栏设计能满足商家对产品的推广需求，用户可以依据 Tab 栏的引导浏览、搜索、购买产品，以及查看产品购买状况等； （2）Tab 栏在视觉形象上与企业品牌形象保持统一； （3）Tab 栏的图标、文字、间距设计合理，层次分明，能让用户在视觉上得到良好的体验

3. 工作准备

（1）仔细阅读工作任务书，进行分析和讨论并做好进度记录；

（2）充分了解项目背景，确定 App 界面制作软件已经安装完成；

（3）结合任务书分析底部 Tab 栏的难点和常见技术问题。

4. 引导性问题

什么叫底部 Tab 栏？

底部 Tab 栏可以说是现在最流行的导航控件了，微信、支付宝、淘宝、网易云音乐等类型的 App 都有应用。其作用是做好内容分类、节省屏幕空间等。

底部 Tab 栏的常见设计样式是什么？

1）常见布局样式

一般标签数量为 3～5 个。这里总结了 3 种常见的布局方式：屏幕等分；减去左右间距后等分；图标左右间距相等。

屏幕等分：技术实现比较容易，市面上使用较多。计算方法：列宽 = 屏幕宽度 / 标签个数（图 2-42）。

图 2-42　屏幕等分布局样式

减去左右间距后等分：标签之间相对紧凑，如图 2-43 所示。

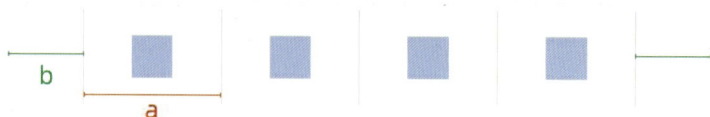

图 2-43　减去左右间距后等分布局样式

图标左右间距相等：多用在标签数量为 3 个的情况，因为屏幕等分会让图标看起来比较散，所以可以采用这种方式（图 2-44）。

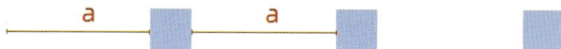

图 2-44　图标左右间距相等布局样式

有些特殊情况，标签数量会大于 5 个，如果继续放在一起会影响视觉美观和操作体验。根据产品需要如果必须置于底部，可以选择将重要标签露出，其他标签隐藏至"更多"中。

2）背景样式

这里总结了 4 种常见的背景样式：白色或浅灰色、黑色、毛玻璃、透明。

白色或浅灰：最常见的背景样式，它能更好地突出标签内容，同时不会让底部在视觉效果上"过重"。可以采用白色加投影或者底部加浅灰色分隔线的方式将其和内容区分开（图 2-45）。

图 2-45　白色或浅灰色背景样式

　　黑色：黑色背景往往用于一些特殊类型的 App，如运动类的 App、股票类的 App 等，其可以让人产生一定的氛围感（图 2-46）。

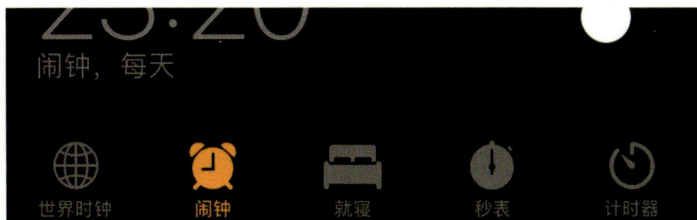

图 2-46　黑色背景样式

　　毛玻璃：前些年比较流行，多用在 IOS 中，给人以时尚的感觉，不过会耗费大量资源，目前 App 中使用较少（图 2-47）。

图 2-47　毛玻璃背景样式

　　透明：透明背景可以让用户聚焦于内容本身。但这种方式会导致标签信息的展示力减弱，因此透明背景多用在以体现内容为主的 App 中，如抖音等（图 2-48）。

图 2-48　透明背景样式

　　3）展现方式

　　这里收集了 4 种常见的标签展示方式："图标 + 文字"、纯图标、"图标 + 文字 + 按钮"、纯文字。

　　"图标 + 文字"：常见的标签展示方式用图标吸引人的眼球，配合文字说明，更能凸显图标标签栏，如图 2-49 所示。

图 2-49 "图标 + 文字"展现方式

纯图标：采用纯图标展现方式会让页面更加简洁，但用户识别度较低，适用于小众App，如花瓣、Pinterest；对于设计分享类平台，用户群体小众且目标用户是互联网从业人员，对这些图标含义较为熟悉，这种方式会让产品更有气质（图 2-50）。

图 2-50 纯图标展现方式

"图标 + 文字 + 按钮"：这种展现方式常见于社区类 App 中，用"按钮"来突出功能点，引导用户发布内容，如闲鱼 App，点击"加号"按钮就可卖闲置内容，调动用户的积极性（图2-51）。

图 2-51 "图标 + 文字 + 按钮"展现方式

纯文字：这种展现方式能让用户直接展开操作，让产品简单易用，多用于直播类、内容类、简单工具类 App，如小红书、百度翻译等（图 2-52）。

图 2-52 纯文字展现方式

5. 工作计划

首先每位学生根据表 2-13 完成相关任务，然后教师根据学生的任务完成情况提出改进意见。

表 2-13　工作计划

序号	工作步骤	要求	学时安排	备注
1	手绘 App 界面底部 Tab 栏设计草图	阅读引导性问题；根据主题手绘设计方案		
2	制作 App 界面底部 Tab 栏	运用 PS 软件进行电子稿绘制		

6. 实施提示

1）调研和构思

首先，认真阅读任务书和"引导性问题"中的知识点，任务是设计"集优农场"App 界面底部 Tab 栏。"集优农场"App 是一家整合各地优质农产品资源在线上进行买卖的电商平台。Tab 栏采用电商常用的白底及图标加文字的形式。Tab 栏常见布局样式为减去左右间距后等分，标签数量为 5 个，中间的标签改为"添加商品"按钮。

2）设计的基础参数

设计 Tab 栏首先要了解一些基础的设计规范。以某品牌型号手机为例，屏幕尺寸为 750 px × 1334 px，Tab 栏高度设置为 98 px，图标与导航栏图标大小一致，为 48 px × 48 px。Tab 栏要突出的是图标，文字的大小要与图标的大小保持差异，文字设置为 20 px。其次，App 界面的导航栏、浏览页、Tab 栏设计要体现层次感。Tab 栏与浏览页之间要留出 1 px 的分割线，也可以用分割线加阴影，让 Tab 栏的层次靠前（图 2-53），Tab 栏与浏览页之间设置阴影，体现 App 的界面层次（图 2-54）。

图 2-53　Tab 栏与浏览页之间的距离设计

图 2-54　Tab 栏与浏览页之间的阴影设计

3）Tab 栏设计

设计 Tab 栏选中的图标。图标用动画的形式展现，动态图标比仅仅放大的图标更有视觉感。动态图标的表现形式为图标先放大再还原，图标放大形式为等比例放大 4 px，即 52 px×52 px。另外，在可选中的图标中加入品牌标准色——黄绿渐变色块。加入色块：一方面，可以将线性图标变为面性图标，拉开其与不可选中图标的层次；另一方面，其在色彩上能与导航栏相呼应，让 App 界面上的图标在形象上更统一（图 2-55、图 2-56）。

图 2-55　选中首页

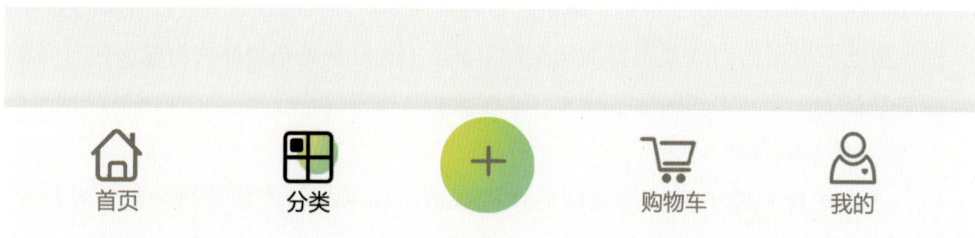

图 2-56　选中产品分类页

Tab 栏又称底部导航栏，在 App 界面中能有效引导用户搜索、浏览重要内容。Tab 栏图标的大小与导航栏的图标保持一致，能让 App 的整个界面产生统一的视觉效果。虽然 Tab 栏只占了页面很小的空间，但是在设计的过程中我们要注意体现其与其他内容的层次感。首先是 Tab 栏与中间浏览页的层次感，可以通过设置分割线或者添加阴影部分达到该效果。其次是图标与文字，通常情况下我们会突出图标，因此图标的大小与文字的大小具有一定差别。然后，可选中图标与不可选中图标之间要有层次感，为了突出可选中图标，常通过放大可选中图标、添加色块、添加动画效果来增强可选中图标的视觉张力。当然，添加的色块或色彩都是品牌形象的标准色，可以实现视觉上的统一效果。

7. 评价反馈

按学生自评、小组互评、教师评价三种方式评定每位学生完成学习任务的情况，并将学生自评成绩占总成绩的 20%、小组互评成绩占总成绩的 30%、教师评价成绩占总成绩的 50% 作为每位学生的综合评价结果（表 2-14）。

表 2-14 评价表

序号	评价项目	评价标准	分值	学生自评	小组互评	教师评价
1	任务解读	能认真阅读任务书，理解任务要求	10			
2	Tab 栏功能设计	对 Tab 栏的引导作用有充分的认知，能保证导航栏功能的完整性	20			
3	Tab 参数设计	熟悉 Tab 中图标、文字的基本参数，以及文字、图标的间距参数，能够设计符合用户视觉审美需求的 Tab 栏	20			
4	设计方案 PPT	设计方案思路清晰，内容含金量高	10			
5	工作态度	态度端正，无故不缺席、不迟到、不早退	10			
6	工作质量	能按计划完成工作任务	10			
7	协调能力	能与小组成员合作交流，协调工作	5			
8	职业素质	善于查阅并借鉴相关资料	5			
9	创新意识	工作方案有创新点	10			
合计			100			

8. 拓展学习

扫描下方二维码，获取更多 UI 资讯。

App 底部
Tab 栏设计

实训任务 2.6　移动端界面视觉流程设计

1. 学习目标

通过学习本任务，学生应该：

（1）正确识读任务书；

（2）掌握手机界面视觉流程设计要点；

（3）了解视觉流程设计思考模式。

2. 任务书

（1）找出设计中视觉流程不清晰的部分；

（2）能够梳理较为清晰的视觉流程，并完善电子设计稿。

3. 工作准备

（1）仔细阅读工作任务书，进行分析和讨论并做好进度记录；

（2）充分了解项目背景，确定 App 界面制作软件已经安装完成；

（3）结合任务书分析视觉流程的难点和常见技术问题。

4. 引导性问题

什么叫视觉流程？

视觉流程是通过设计引导使用者，通俗地讲就是用户先看到什么，再看到什么，即用户的视觉浏览顺序。

为什么要进行视觉流程梳理？

如果单纯做一些原型彩色画，没有进行深入分析和思考，设计的页面会显得单一、无趣，难以满足用户的需求。好的设计不仅仅是产品好看，更重要的是进行正确的设计，解决实际问题，将信息表达清楚。清晰地表达信息是一个非常重要的设计理念。

如何理解清楚地表达信息？

要想清楚地表达信息，我们首先要将信息按照重要程度进行排列。我们可以根据主题和甲方要求，按照重要程度梳理各种信息。在表达信息的过程中，有重要的信息也有次要的信息，如果把这些信息按照重要程度排列出来，那么整个界面就会有层级。如果在设计前先对信息的层级关系进行梳理，这样设计的产品就会产生极好的视觉效果（图 2-57）。

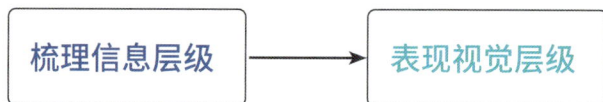

图 2-57　清楚地表达信息

怎样进行"视觉流程"安排?

1）视觉习惯

我们要引导人们形成或保持从左往右、从上到下的视觉习惯。我们的界面要按照人们的视觉习惯来设计，将重要信息放至中心位置，按照视觉习惯布局各种层级信息。

2）对比类型

对比类型主要有：大小对比、粗细对比、色彩对比、明度对比。按照对比类型设计界面能够充分展现各层级信息。

3）图片、图标和文字的吸引力

我们要清楚地知道文字、图片和图标的吸引力是不同的。通常来讲，三者的吸引力从大到小依次是图片、图标、文字（图 2-58）。

遵循视觉习惯	对比法则	遵循图片、图标和文字吸引度

图 2-58　"视觉流程"安排

5. 工作计划

首先每位学生根据表 2-15 完成相关任务，然后教师根据学生的任务完成情况提出改进意见。

表 2-15　工作计划

序号	工作步骤	要求	学时安排	备注
1	梳理 App 界面视觉流程	阅读引导性问题；根据视觉流程梳理要点		
2	根据视觉流程制作界面	运用 PS 软件绘制电子稿		

6. 实施提示

（1）认真阅读任务书和"引导性问题"中的知识点。

（2）根据视觉习惯进行视觉流程要点梳理；选择 AI 或者 PS 绘制图标；也可以二者结合使用。

（3）审视自己的设计稿，针对视觉流程要点对内容进行调整。

我们用一个改版前后的案例来清晰地阐述布局层级。首先，我们可以看到图 2-59 右边的内容更加清晰明了，相对而言左边内容的层级关系和视觉重点不够明确，版面布局也显得混乱。改版后的图 2-60 能引导用户从上往下浏览内容，视觉重点也是从强到弱进行布局。

布局信息的层级关系也就是不同信息的重要性不同，重要的信息应该先被浏览，以此类推。我们需要先分析，然后才能按照重要程度排列信息。那我们应该如何分析信息的重要程度呢？这就要求我们首先站在公司和用户的角度思考问题。比如图 2-60 左边的界面，如果站在用户的角度进行设计，这个板块必须有一个搜索框。即想象一下当作为用户进行购物时，你需要购买什么型号、尺码、色彩的商品。而图 2-59 并没有设计搜索框。其次，图 2-59 页面的布局单一，缺少卡片的切割，且没有图标区域。图标对页面设计来说非常重要，因为它能在有限的空间向用户表达更多的信息。最后，图 2-59 的瓷片区设计过于简单，文字、图形和背景的编排缺乏设计感，像美团外卖 App 的优惠专区、有钱花 App 的信用生活和信用查询就是瓷片区，这样的设计会降低用户的体验感。

该页面布局哪些不合理？

◎缺少核心搜索栏

◎布局单调，没有图标区域

◎瓷片区配图过于简单，无设计细节

图 2-59　改版前

视觉流程清晰

◎视觉层级清晰

◎页面重点突出

◎板块划分明确

图 2-60　改版后

什么是布局层次呢？目前 UI 界面追求的扁平风布局不是一平到底，而是平而不扁。可以说界面内容在视觉上不是立体的而是扁平的，从空间感上来讲，就是界面内容要有上层、中间层和底层的层次之分（图 2-61）。

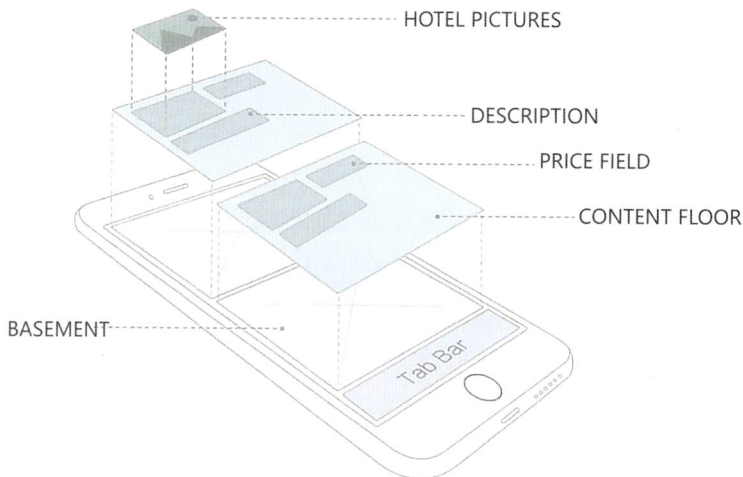

HOTEL PICTURES

DESCRIPTION

PRICE FIELD

CONTENT FLOOR

BASEMENT

Tab Bar

图 2-61　布局层次

要做好层级布局，就需要界面内容在视觉上具有层级关系，重要的信息就要做得更加吸引人，次要的信息就要相对弱化。这要求我们首先要明确哪些板块适合嵌入重要的信息，哪些板块适合嵌入相对不重要的信息，通常来讲，手机端 Banner 区域在视觉上最具吸引力；其次是下方瓷片区域。瓷片区域可以根据品牌和用户需求放置运营内容、促销内容或者图标。

7. 评价反馈

按学生自评、小组互评、教师评价三种方式评定每位学生完成学习任务的情况，并将学生自评成绩占总成绩的 20%、小组互评成绩占总成绩的 30%、教师评价成绩占总成绩的 50% 作为每位学生的综合评价结果（表 2-16）。

表 2-16　评价表

序号	评价项目	评价标准	分值	学生自评	小组互评	教师评价
1	任务解读	能认真阅读任务书，理解任务要求	10			
2	视觉流程梳理	对视觉流程设计有充分的认知，能根据用户需求梳理视觉流程	20			
3	视觉流程设计	能够根据对比类型设计清晰的视觉流程界面	20			
4	设计方案	设计方案思路清晰，内容含金量高	10			
5	工作态度	态度端正，无故不缺席、不迟到、不早退	10			
6	工作质量	能按计划完成工作任务	10			
7	协调能力	能与小组成员合作交流，协调工作	5			
8	职业素质	善于查阅并借鉴相关资料	5			
9	创新意识	工作方案有创新点	10			
	合计		100			

8. 拓展学习

扫描下方二维码，获取更多 UI 资讯。

界面视觉
流程设计

◆课后思考

本项目中的实训任务包含了 6 个 App 界面设计实训任务。从手机界面基本规范、配色方案、导航栏、Banner 栏、Tab 栏和视觉流程设计，形成了一个较为完整的工作闭环。

在实训任务中，要针对自己的薄弱环节加强练习。例如，有学生在制作手机导航栏时发现技术参数还不成熟，就需要加强对此项目的实训。

◆课后练习

寻找一套经典的手机 App 界面，对其视觉流程进行分析，还原其配色方案、Banner 栏、Tab 栏等，然后进行半临摹半创作。

项目3
移动端主题界面设计

学习目标 -

（1）能进行较规范的手机主题界面设计；

（2）能根据品牌调性进行主题界面设计；

（3）有较清晰的手机主题视觉流程。

职业能力 -

（1）能理解工作任务的设计要求，有计划、有目标地进行主题界面设计，掌握主题界面设计的流程与规范；

（2）能设计具有良好视觉流程的界面；

（3）能运用相关软件绘制界面。

项目任务：移动端主题界面设计 - - - - - - - - - - - - - - - - - - -

实训任务 3.1　手机主题锁屏界面设计

1. 学习目标

通过学习本任务，学生应该：

（1）正确识读任务书；

（2）寻找合适的手机主题；

（3）掌握手机主锁屏界面设计要点；

（4）具备手机主题锁屏界面设计与制作能力。

2. 任务书

华为 EMUI 全球主题设计大赛，是华为为了丰富自身主题资源而举办的手机主题类设计大赛。其在全球范围内招募作品，所有获奖作品将在全球发布和销售！评审基于但不限于以下标准对作品进行评价：

（1）有独特的设计创意和设计风格；

（2）有感染力的艺术表现手法，视觉效果突出，能够完美表达设计创意；

（3）信息传递准确，符合使用逻辑和用户习惯；

（4）作品内容完整，完成度高，符合华为 EMUI 设计规范。

大赛具体要求如下：

请设计符合主题创意的锁屏样式和锁屏墙纸。华为"百变解锁"包含各种功能，锁屏界面可以支持音乐播放、显示天气预报；支持直接解锁到达相机、短信等各个应用。请你自由发挥想象力和创造力，需考虑锁屏时会发生的变化，比如解锁的手势、解锁时引发的界面动画、充电时的提示等；建议配以文字说明。解锁界面墙纸尺寸规格：1080 px × 1920 px。

3. 工作准备

（1）仔细阅读工作任务书，进行分析和讨论并做好进度记录；

（2）充分了解项目背景，确定 UI 界面制作软件已经安装完成；

（3）结合任务书分析手机主题锁屏界面设计的难点和常见技术问题。

4. 引导性问题

手机主题设计要素包括哪些内容？

手机主题由锁屏、桌面、控制中心界面、联系人界面和消息界面组成。具体的视觉设计要素为锁屏、壁纸、图标、数字、按钮和气泡框。通过重塑锁屏、壁纸、图标、指针等元素，探索视觉交互的极致体验，将美学想象延展到手机等智能终端。

如何进行手机主题锁屏设计？

锁屏样式能让用户对手机主题产生第一印象。在主题 App 中，各种各样的手机主题如同商店里众多的商品，锁屏界面如同商品的宣传海报和外包装，是获得用户关注量、点击量和下载量的关键。作品的立意要新颖，独具巧思，充分展现设计师的个人品味、洞见与风格。鉴于此，其首先要确定手机主题，例如我们看到的以"幻彩星球"为主题设计的作品（图3-1、图3-2）。

图 3-1　深圳灵猫设计集团 GUI 设计培训项目案例图 1

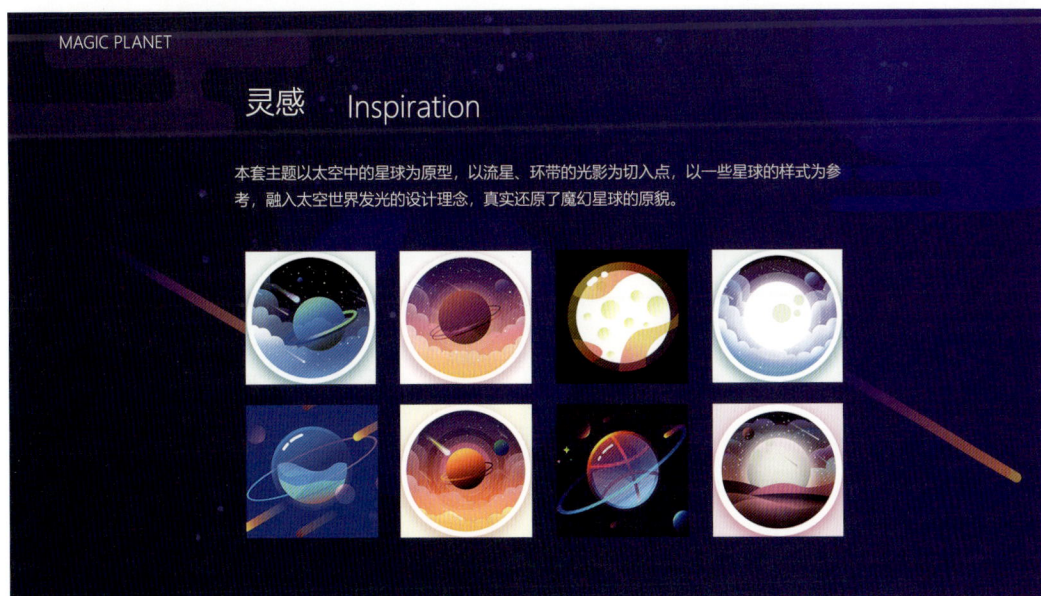

图 3-2　深圳灵猫设计集团 GUI 设计培训项目案例图 2

　　锁屏主要分时间日期、电量显示、滑动解锁和背景图几个部分。锁屏主要采用滑动式解锁，从屏幕最下端向上滑动即可打开手机（图3-3）。

图 3-3　锁屏设计

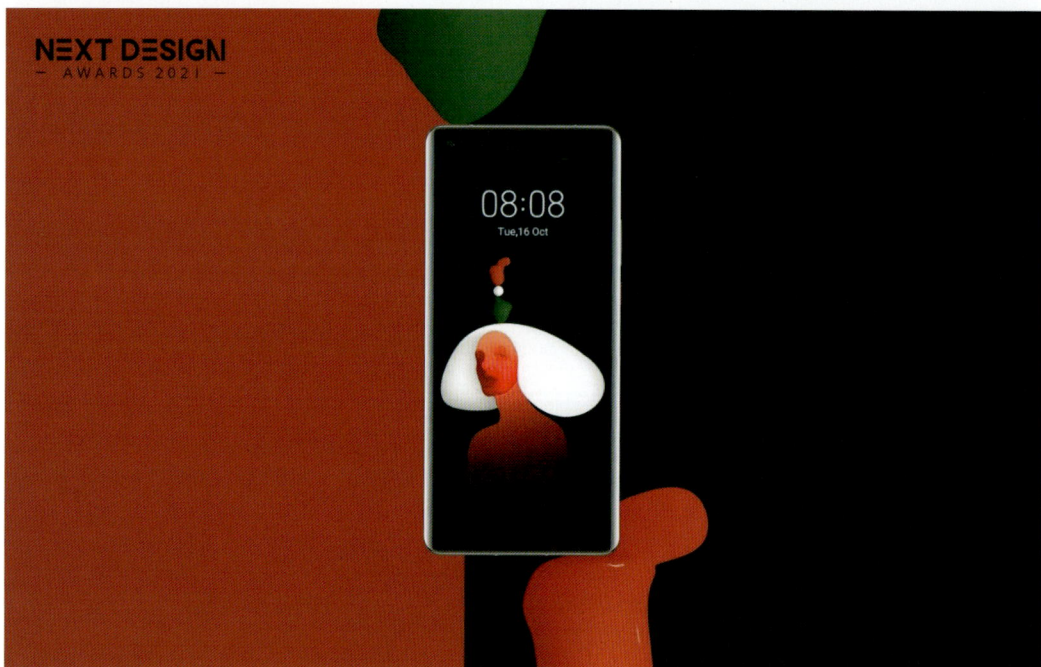

图 3-4　2021 华为全球主题设计大赛的总冠军作品

　　2021 华为全球主题设计大赛的总冠军是来自埃及的 Islamallam，其获奖作品《DSABDP 01》（图 3-4）仿佛一束打破常规的灵感火焰。据作者讲述，这幅作品源于一次随音乐开启的即兴创作。其曼妙的线条与灵活的配色，仿佛将流动的艺术装进手机屏幕。作者随着音乐韵律的起承转合去描绘面孔和运用色彩，将人物置于暗背景中，克制而深邃，呈现一种孤独的美感。该作品体现出设计师对审美的独特追求与感受，艺术性的表现手法让这幅壁纸作品极具感染力，让观者透过屏幕仿佛置身于美术馆内。

图 3-5　2021 华为全球主题设计大赛手机主题组一等奖作品

　　图 3-5 的作品采用 3D 插画形式，通过立柱拱顶达到力度饱和的美学效果。低明度的色彩使得城堡内部空间感增强，让手机屏幕打破平面的观感，将城市建筑的空间震撼力与城市文化的丰沛张力全面展现出来。光影交映中哈尔滨的城堡跃然眼前。

5. 工作计划

　　首先每位学生根据表 3-1 完成相关任务，然后教师根据学生的任务完成情况提出改进意见。

表 3-1　工作计划

序号	工作步骤	要求	学时安排	备注
1	手机主题锁屏界面设计构思	阅读引导性问题；进行头脑风暴，寻找合适的主题		
2	根据主题创意设计手机锁屏界面	运用 PS 软件绘制电子稿		

6. 实施提示

　　（1）认真阅读任务书和"引导性问题"中的知识点。

　　（2）进行头脑风暴，寻找主题创意点。图 3-6 是华为 EMUI 第二届全球主题设计大赛的获奖作品。这组以"素颜"为主题的手机锁屏设计非常有雅致感，其设计灵感来源于中国的五行概念。手机主题设计逐渐受到关注和喜爱，同时手机主题人性化的情感渲染、以人为本的交互设计，为我国传统文化的传承提供了一个很好的载体。

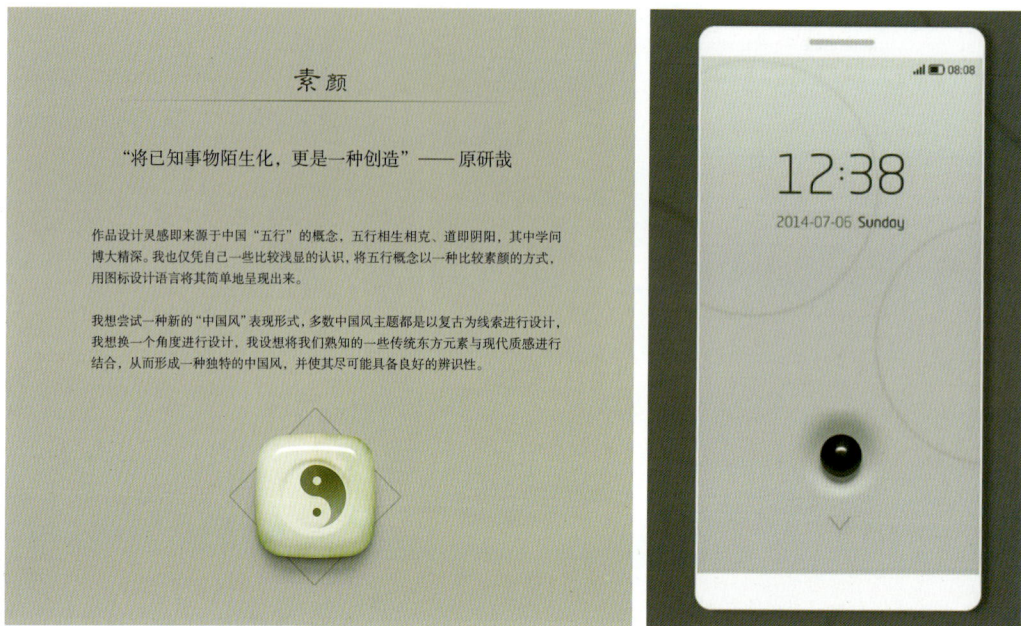

图 3-6　华为 EMUI 第二届全球主题设计大赛的获奖作品

（3）从主题出发绘制设计图。图 3-7 是以爱国为主题设计的手机主题锁屏，表达了当代大学生爱党爱国的情感，主要运用了创意文字进行主题界面的设计。

图 3-7　手机主题锁屏

7. 评价反馈

按学生自评、小组互评、教师评价三种方式评定每位学生完成学习任务的情况，并将学生自评成绩占总成绩的 20%、小组互评成绩占总成绩的 30%、教师评价成绩占总成绩的 50% 作为每位学生的综合评价结果（表 3-2）。

表 3-2　评价表

序号	评价项目	评价标准	分值	学生自评	小组互评	教师评价
1	软件使用	能熟练使用 CorelDRAW、Illustrator、Photoshop 等软件	10			
2	图形造型表达	作品具有艺术性、创新性	20			
3	界面规范	熟悉界面的基本参数等，能够设计符合用户视觉审美需求的主题界面	20			
4	设计创意	设计方案有创意、思路清晰	10			
5	工作态度	态度端正，无故不缺席、不迟到、不早退	10			
6	工作质量	能按计划完成工作任务	10			
7	协调能力	能与小组成员合作交流，协调工作	5			
8	职业素质	善于查阅并借鉴相关资料	5			
9	创新意识	工作方案有创新点	10			
	合计		100			

8. 拓展学习

扫描下方二维码，获取更多 UI 资讯。

手机主题锁屏
界面设计

实训任务 3.2　手机主题内页设计

1. 学习目标

通过学习本任务，学生应该：

（1）正确识读任务书；

（2）根据主题设计手机主题内页；

（3）掌握手机主题内页界面设计要点。

2. 任务书

华为 EMUI 全球主题设计大赛，是华为为了丰富自身主题资源而举办的手机主题类设计大赛。其在全球范围内招募作品，所有获奖作品将在全球发布和销售！评审基于但不限于以下标准对作品进行评价：

（1）有独特的设计创意和设计风格；

（2）有感染力的艺术表现手法，视觉效果突出，能够完美表达设计创意；

（3）信息传递准确，符合使用逻辑和用户习惯；

（4）作品内容完整，完成度高，符合华为 EMUI 设计规范。

3. 工作准备

（1）仔细阅读工作任务书，进行分析和讨论并做好进度记录；

（2）充分了解项目背景，确定 UI 界面制作软件已经安装完成；

（3）结合任务书分析手机主题内页设计的难点和常见技术问题。

4. 引导性问题

手机主题内页设计的内容有哪些？

手机主题由锁屏、桌面、控制中心界面、联系人界面和消息界面组成。手机主题内页主要是指联系人和短信界面的背景图片、拨号盘数字、短信发送气泡、页面弹框、亮度和音量按钮等。内页设计是对手机主题完整性和创意性的补充。

如何进行手机主题内页设计？

我们根据确定的手机主题进行内页的一系列设计，包括"拨号 / 联系人""新建联系人 / 设置""新建联系人 / 通讯录""短信"的页面设计。比如我们看到的是视觉传达专业实训室设计制作以"幻彩星球"为主题的内页设计（图 3-8—图 3-11）。

图 3-8
页面设计 1

图 3-9
页面设计 2

图 3-10
页面设计 3

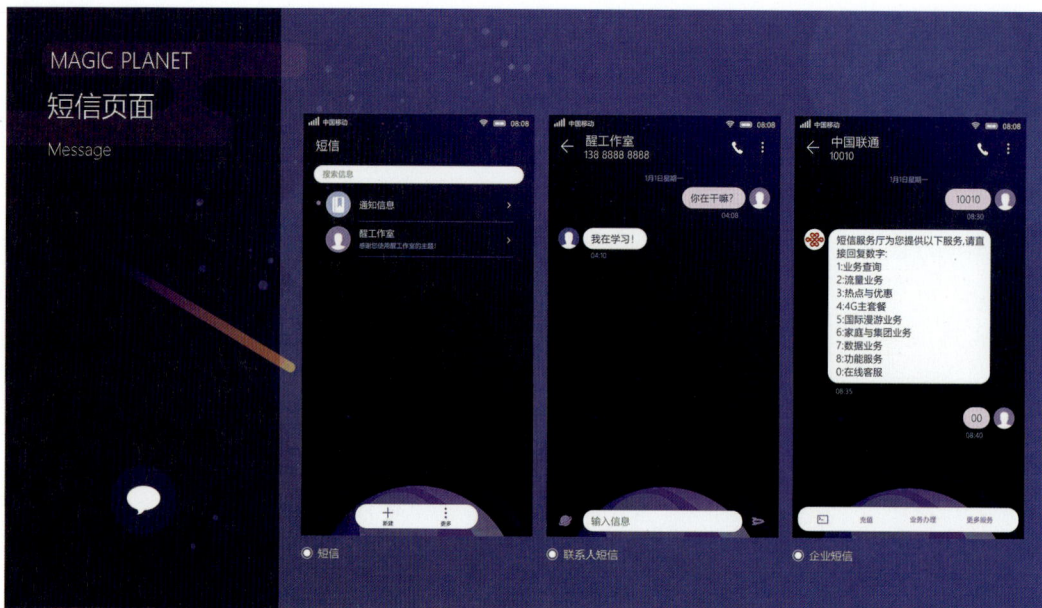

图 3-11　页面设计 4

5. 工作计划

首先每位学生根据表 3-3 完成相关任务，然后教师根据学生的任务完成情况提出改进意见。

表 3-3　工作计划

序号	工作步骤	要求	学时安排	备注
1	手机主题内页界面设计构思	阅读引导性问题		
2	根据主题设计内页界	运用 PS 软件绘制电子稿		

6. 实施提示

（1）认真阅读任务书和"引导性问题"。

（2）手绘主题内页界面。

（3）绘制主题内页界面电子稿。

7. 评价反馈

按学生自评、小组互评、教师评价三种方式评定每位学生完成学习任务的情况，并将学生自评成绩占总成绩的 20%、小组互评成绩占总成绩的 30%、教师评价成绩占总成绩的 50% 作为每位学生的综合评价结果（表 3-4）。

表 3-4　评价表

序号	评价项目	评价标准	分值	学生自评	小组互评	教师评价
1	软件使用	能熟练使用 CorelDRAW、Illustrator、Photoshop 等软件	10			
2	造型	作品具有艺术性、创新性	20			
3	界面规范	熟悉界面的基本参数等，能够设计符合用户视觉审美需求的主题界面	20			
4	风格把控	图形的风格统一，画面整体均衡	10			
5	工作态度	态度端正，无故不缺席、不迟到、不早退	10			
6	工作质量	能按计划完成工作任务	10			
7	协调能力	能与小组成员合作交流，协调工作	5			
8	职业素质	善于查阅并借鉴相关资料	5			
9	创新意识	工作方案有创新点	10			
	合计		100			

8. 拓展学习

扫描下方二维码，获取更多 UI 资讯。

手机主题
内页设计

实训任务 3.3　手机主题图标设计

1. 学习目标

通过学习本任务，学生应该：

（1）正确识读任务书；

（2）根据主题设计手机主题图标；

（3）掌握手机主题图标设计要点。

2. 任务书

华为 EMUI 全球主题设计大赛，是华为为了丰富自身主题资源而举办的手机主题类设计大赛。其在全球范围内招募作品，所有获奖作品将在全球发布和销售！评审基于但不限于以下标准对作品进行评价：

（1）有独特的设计创意和设计风格；

（2）有感染力的艺术表现手法，视觉效果突出，能够完美表达设计创意；

（3）信息传递准确，符合使用逻辑和用户习惯；

（4）作品内容完整，完成度高，符合华为 EMUI 设计规范。

30 个华为 EMUI 常用图标，包括应用市场、设置、主题、相机、拨号、联系人、短信、浏览器、图库、音乐、视频、游戏中心、日历、时钟、电子邮件、文件管理、手机管家、手机服务、语音助手、华为商城、天气、计算器、备忘录、录音机、收音机、系统软件更新等。

2 个通用图标，包括文件夹、第三方图标底板。文件夹是放在桌面上的应用合集，因此需要一个文件夹底板（图 3-12）。使用图标底板可以使其与第三方图标和主题相匹配。我们可以只做一个图标底板重复使用，也可以根据主题设计需要设计多个不同材质或颜色的底板，与第三方应用图标随机搭配（图 3-13）。

图 3-12　文件夹图标

| 图标底板 | 第三方图标 | 图标蒙版 | 顶层遮盖 | 最终效果 |

图 3-13　第三方图标底板

图标尺寸：图标实际大小控制在 172 px×172 px 范围内（图 3-14）。

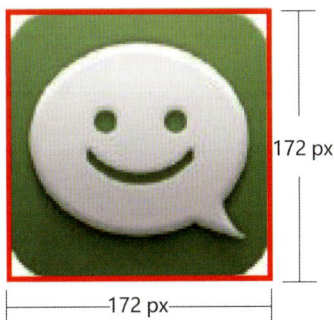

图 3-14　图标尺寸

3. 工作准备

（1）仔细阅读工作任务书，进行分析和讨论并做好进度记录；

（2）充分了解项目背景，确定 UI 界面制作软件已经安装完成；

（3）结合任务书分析手机主题图标设计的难点和常见技术问题。

4. 引导性问题

什么是主题图标？

主题图标是手机主题的重要组成部分，是用户在解锁后看到的主题壁纸上的各种应用标识。主题图标是用户在主题商店下载的一种应用程序。作为用户开启界面体验的第一步，在其被应用到手机上后，手机原来的图标会立即变为与之对应的主题图标。主题图标仅仅作用于视觉层面，并不影响手机的交互。一般来说，主题图标分为系统图标和第三方应用图标两个部分，系统图标是类似于相机、相册、通讯录这样的图标，而第三方应用图标则是像淘宝、支付宝、微博这样需要下载安装的 App 的图标。主题图标的风格是多种多样的，用户可以选定某一主题图标装饰手机，使手机更加个性化。

主题图标设计的现状如何？

国内外的许多手机品牌商（如华为、OPPO、VIVO、小米）都有自己的主题商店，主题商店有付费区和免费区，用户可以根据自己的需要选择主题图标。这些手机品牌商也会定期举办主题大赛。例如，DIGIX 华为全球手机主题设计大赛；方寸之间，"星"城无界——三星全面屏手机主题设计大赛；魅族 Flyme 手机主题设计征集、荣耀 Magic2 魔法手机主题设计大赛等。手机主题图标越来越被人们青睐，设计师们也陆续设计出优秀的作品供人们使用。主题图标的好坏也成为考核视觉、UI 等设计师能力的重要标准。因此，主题图标的风格越来越多元化。

图 3-15、图 3-16 是以"中国五行"为思路的一套结合传统元素与现代质感的手机主题，源于"站酷 de 乐章"为华为主题设计大赛的获奖作品。

图 3-15　以"中国五行"概念为思路设计的　图 3-16　以"中国五行"概念为思路设计的手机主题 2
手机主题 1

5. 工作计划

首先每位学生根据表 3-5 完成相关任务，然后教师根据学生的任务完成情况提出改进意见。

表 3-5　工作计划

序号	工作步骤	要求	学时安排	备注
1	手机主题图标设计构思	阅读引导性问题		
2	制作主题图标	运用 PS 软件绘制电子稿		

6. 实施提示

（1）认真阅读任务书和"引导性问题"。

（2）主题图标的设计，绘制手绘稿。下面以视觉传达专业实训室设计制作的"魔幻星球"主题图标为例，进行设计过程的展示。首先确定设计的灵感，以小组为单位，运用实训任务 4.3 中讲述的头脑风暴进行思考。然后根据灵感对素材进行整理和讨论，并进行手绘（图 3-17、图 3-18）。

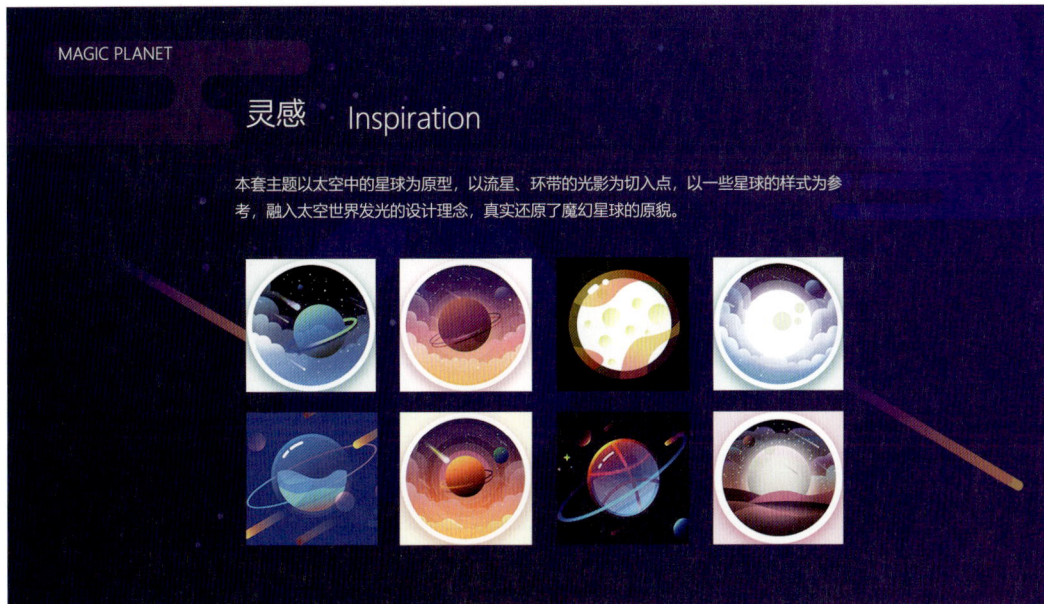

图 3-17　寻找灵感

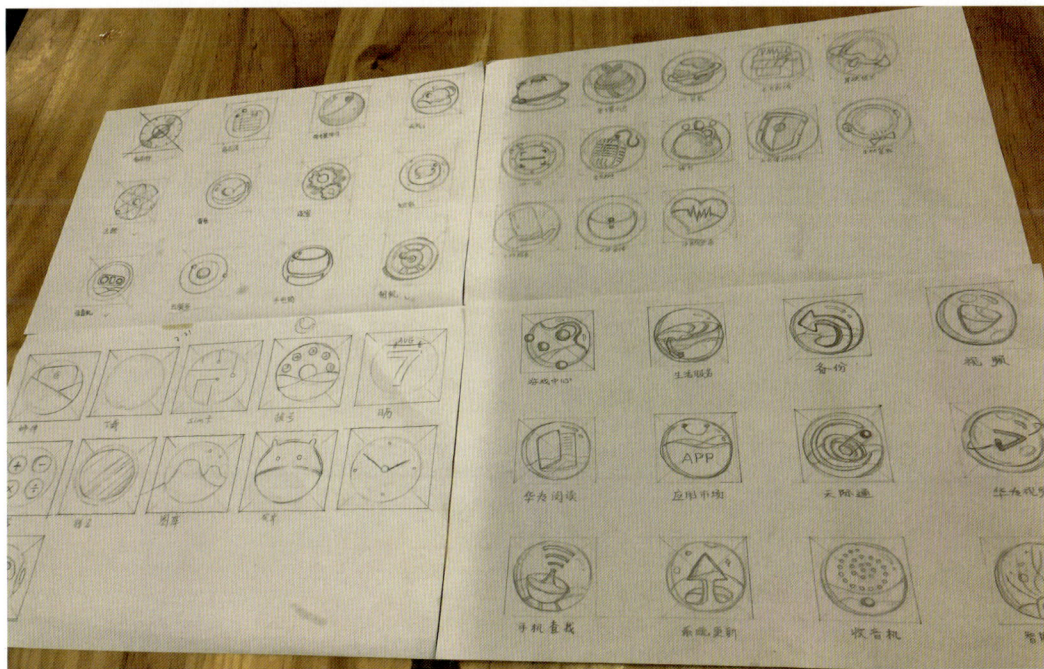

图 3-18　手绘素材

（3）主题图标电子稿设计。我们从确定的"魔幻星球"主题出发，用不同星球共同表现主题设计的概念。将星球的样式用图形表示出来，删去星球内部繁杂的纹路，选取魔幻星球所需要的色彩，直接表达图形的抽象之美。然后在星球图上增加提炼的系统图形或者第三方 App 图形，这样主题图标就诞生了。

图 3-19
电子稿设计 1

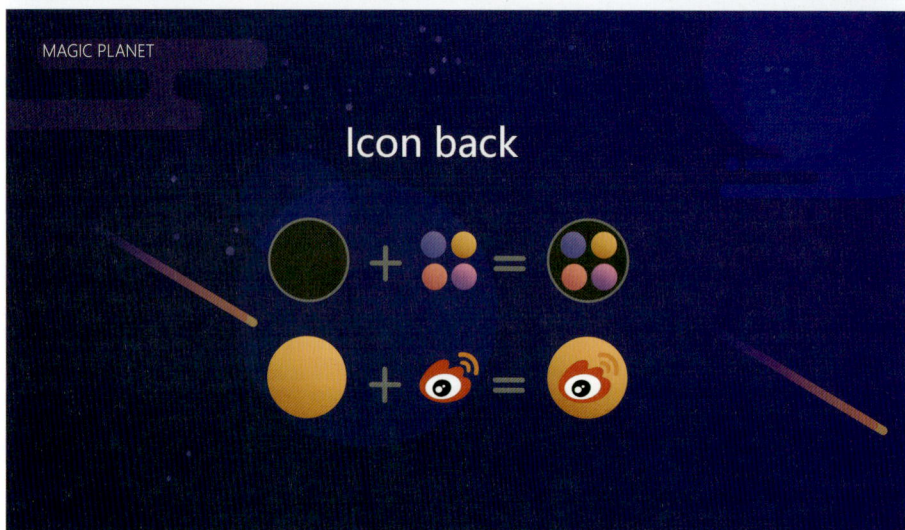

图 3-20
电子稿设计 2

图 3-21
电子稿设计 3

图 3-22　电子稿设计 4

7. 评价反馈

　　按学生自评、小组互评、教师评价三种方式评定每位学生完成学习任务的情况，并将学生自评成绩占总成绩的 20%、小组互评成绩占总成绩的 30%、教师评价成绩占总成绩的 50% 作为每位学生的综合评价结果（表 3-6）。

表 3-6　评价表

序号	评价项目	评价标准	分值	学生自评	小组互评	教师评价
1	软件使用	能熟练使用 CorelDRAW、Illustrator、Photoshop 等软件	10			
2	造型	作品具有艺术性、创新性	20			
3	界面规范	熟悉界面的基本参数等，能够设计符合用户审美需求的主题界面	20			
4	风格把控	图形元素风格统一，画面整体均衡	10			
5	工作态度	态度端正，不无故缺席、不迟到、不早退	10			
6	工作质量	能按计划完成工作任务	10			
7	协调能力	能与小组成员合作交流，协调工作	5			
8	职业素质	善于查阅并借鉴相关资料	5			
9	创新意识	工作方案有创新点	10			
合计			100			

8. 拓展学习

扫描下方二维码，获取更多 UI 资讯。

手机主题
图标设计

◆课后思考

项目 3 中的实训任务——手机主题界面设计包含了 3 个实训任务：手机主题锁屏界面设计、手机主题内页设计和手机主题图标设计。从手机主题设计大赛的任务开始，然后提出设计主题，绘制手绘稿，再到绘制电子稿，形成一个相对完整的工作闭环。

在实训任务中，同学们要根据自己的薄弱环节加强练习。

◆课后练习

搜索一套手机主题设计大赛获奖作品，对其进行分析，并深度临摹还原作品，再独立设计制作一套手机主题界面。

项目 4
网页 UI 界面设计

学习目标

（1）能进行较规范的网页界面设计；

（2）能根据品牌调性和需求设计网页界面；

（3）有较清晰的 UI 界面视觉流程。

职业能力

（1）能根据工作任务的设计要求，有计划、有目标地设计网页界面，掌握网页界面设计的流程与规范；

（2）能设计具有良好视觉流程的界面；

（3）能运用相关软件的绘制界面。

项目任务：移动端主题界面设计

实训任务 4.1　网页设计流程和规范

实训任务 4.2　网页设计策划

实训任务 4.3　网页创意——头脑风暴

实训任务 4.4　网页导航设计

实训任务 4.5　全国大学生广告艺术大赛官网改版视觉流程设计

思考与练习

实训任务 4.1　网页设计流程和规范

1. 学习目标

通过学习本任务，学生应该：

（1）掌握网页设计流程；

（2）知道网页界面规范尺寸和字体、字号。

2. 学习知识点

网站的整体设计大致分为前期、中期、后期设计。前期是对用户进行调研，分析产品需求，分析竞品需求等；中期是绘制原型图和设计稿，设计网站代码等；后期是获取用户反馈，对项目进行总结等。与 UI 设计师密切相关的是原型图和设计稿的绘制，除了这两部分还有确定设计规范、进行切图标注、设计前段代码、实施项目走查等（图 4-1）。

图 4-1　网站的整体设计流程

设计师不止要负责设计稿，其需要参与每个设计步骤。

网页设计规范：

1）网页的尺寸规范

在进行网页设计时，网页的宽度是没有绝对固定值的，应该从我们的需求出发确定其宽度。

网页的宽度主要分两种：一种是定宽，内容区域宽度固定；另一种是自适应，内容区域宽度随浏览器变化。

平面设计作品的长、宽常以毫米和厘米为单位，UI 作品则以 px（像素）为单位。因为网页界面设计受到显示器分辨率的影响，所以页面的长度和宽度都以像素为单位。定宽模式下，网页尺寸的设计要考虑受众所用设备的显示器像素，目前 1920 px 基本可以兼容各种电脑屏幕。

我们在使用 Word 时，会给 A4 纸面设置一种页边距，不会让文字内容直接贴在纸张边缘。同理，网页主内容区域只有小于屏幕宽，才能使屏幕左右产生留白。如果当前最流行的分辨率是 1920 px×1080 px，那我们就要按这个宽度确定设计稿。我们看到的 1920 px 的宽度，中间主体设计的宽一般为 1000 px ～ 1200 px，左右两边各留出 360 px，即边距（图 4-2）。

浏览器尺寸

Firefox 浏览器

1905 px

1440 px

907 px

1920 px

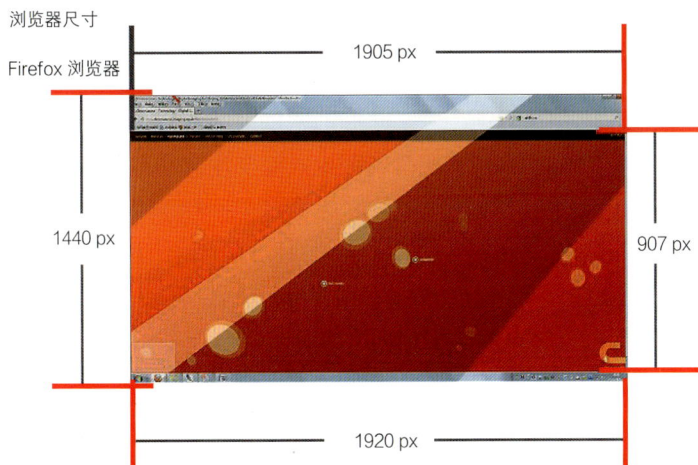

图 4-2　网页的尺寸

在色彩模式上，根据屏幕需要，UI 均使用 RGB 色彩模式，这种色彩模式能让画面更加亮丽；需要印刷出版的，如名片、海报、图书等使用 CMYKM 色彩模式，从显示屏看，这种色彩模式下的画面没有那么亮丽，但出版后的还原度更高，更接近真实的色彩。

2）网页中的文字规范（图 4-3）

宋体　方正小标宋
黑体　微软雅黑
幼圆
仿宋　方正综艺简体

图 4-3　字体规范

实际上，文字才是用户要阅读的信息，文字的合理编排给用户的体验至关重要。就设计师而言，让用户对界面的文本排版设计满意是极具挑战性的。

网页中中文的常用字体为宋体、微软雅黑或黑体；英文的常用字体为 Times New Roman、Arial、Sans，因为这样能适配浏览者端的显示屏。如果选择其他字体或者独特的设计，对文字进行艺术化处理，那就可以嵌入图片。形体美观的文字具有艺术感染力，也由其字体本身的特点和巧妙的构思加强内容的表达能力。设计文字时，应注意文字的易读性、艺术性和思想性。设计中文文字的方法为找到笔画的共性，重视文字的负空间，其可以归纳为点线面、表象装饰、解构与重构、意象构成、同构等。

字号是指字的大小，网页界面文字最好使用偶数字号，一般起引导作用的文字字号为 14 px ~ 20 px，正文文字的字号一般为 12 px 或 14 px，标题文字的字号一般为 22 px、24 px、26 px、28 px、30 px。正文文字的颜色和页面风格一致，一般可设置为深灰色，但要注意区别于背景色。同时，同一层级的字号应该保持一致。

行距指的是正文的行与行之间的距离，要注意体现视觉上的横成行效果，并且保持行距一致，因为这与人们的视觉习惯一致，我们的阅读习惯是从左到右横向阅读。同时，在编排文字时要特别注意行距大于字距。段落间距也是需要注意的，段落间距要大于行距，即行距为段落间距的 50% 或者 75%。

3）网页层级和颜色规范

网站主页也可称为首页，包含核心内容：品牌 Logo、导航、Banner、相关信息、新闻资讯、底部信息等。在构图和内容呈现上，网站主页的设计可以说是网站设计的重中之重。

网站主页的下一个层级便是二级页面，就是点击主页后进入的页面；三级页面，就是点击二级页面后进入的页面。

颜色可以使用品牌 VI 标准色，网站的设计与品牌的形象应保持一致，并具有辨识度。如果没有 VI 标准色，可以选择符合公司形象的产品图片，从图片中提炼出四种颜色，调整明度和直线色即可作为网站主页的主色调，灵活运用于不同文字。正文文字颜色通常为深灰色，介于 #333333 到 #666666 之间，这样可以增加其易读性。注释等辅助性文字一般为浅色，例如 #999999。

以上就是三个核心网页的设计规范，对 UI 设计师而言，了解并掌握这些规范才能更好地形成自己的认识，然后将其灵活运用于设计实践，在进行网页设计时，做出来的页面才会美观和谐。

3. 拓展学习

扫描下方二维码，获取更多 UI 资讯。

网页设计
概述与规范

实训任务 4.2　网页设计策划

1. 学习目标

通过学习本任务，学生应该：

（1）针对选题进行调研；

（2）根据网页设计要求进行选题策划；

（3）掌握网页设计策划的要点。

2. 任务书

本书项目 4 网页设计板块围绕全国大学生广告艺术大赛官网改版进行，旨在较为完整地梳理网页设计的各个阶段：网页策划、创意、导航设计和网页视觉流程等。并在各个阶段以教学中学生实践作品为例，更完整地展示教和学的闭环（表 4-1）。

表 4-1　任务书

项目名称	大广赛官网改版设计
项目背景	大广赛自 2005 年至今，遵循"促进教改、启迪智慧、强化能力、提高素质、立德树人"的宗旨，已经成功举办了 14 届 15 次，共有 1679 所高校参与，百万名学生提交了作品
作品要求	对大广赛官网的首页和二级页面进行改版设计，需要确保网页设计风格的一致性，注意网页版式与创意性，并突出大广赛的品牌特点，页面数量不少于 5 页
本次实训任务要求	根据大广赛官网改版设计的命题要求，对前期的全国大学生广告艺术大赛官网界面进行调研分析，并制作大广赛官改版策划 PPT

2022 年大广赛的选题之一是"全国大学生广告艺术大赛官网改版设计"。本次任务要求参赛者根据选题制作网页设计策划案。针对大广赛对品牌进行调研，从产品体验、品牌调性和个性化设计等角度寻找突破口。

3. 工作准备

（1）仔细阅读工作任务书，进行分析和讨论并做好进度记录；

（2）充分了解项目背景，确定 UI 界面制作软件已经安装完成；

（3）结合任务书分析网站策划的难点和常见技术问题。

4. 引导性问题

如何进行网站策划?

网站策划主要是在对市场进行调查、分析、定位和调查同行业网站的基础上，让自己的网站如何独树一帜，再进行网站策划案的书写。

1）设计对象的市场调查

企业的市场调查、分析、定位。对网站制作企业进行调研，了解企业的机构设置和企业文化等，网站性质和目的，访问者的年龄、职业、喜好、文化背景等。建设一个新网站，开始时需要开展市场调查工作，广泛搜集资料，工作量较大，其具体是指在市场调查中获得有价值的信息，以此为基础确定网站接下来的设计工作，而且市场调查数据要真实，这样才能确定网站项目是否必要和可行。

2）同行业网站调查

调查同行业网站即调查目前国内国际同行优秀网站建设情况。开展大量的调研工作，找出具有代表性的同行业的优秀网页设计案例，并进行网页设计分析，总结网页界面设计的优点与缺点等。

3）网站设计方案

网站设计方案包含网页风格、网站结构设计、首页内容安排等。首先要根据网页的主题内容，选择合适的网页风格。网页作为一种传播信息的载体，必须要有自身鲜明的艺术特色，这样才能脱颖而出，受到关注。风格是抽象的是指网站的整体形象让浏览者产生的综合感受。有明确风格的网站，能给浏览者留下深刻的印象。网站风格不是随意选择的，而是要与企业形象保持一致。其中网站框架内容可以通过图表进行详细展示。

网站结构设计是指网站的目录结构和链接结构。目录结构是指网站组织和网站目录设置情况，主要表现为首页的菜单。任何网站都有一定的目录结构，大型网站的目录数量多、层次深、关系复杂。网站的目录结构需要周密规划，根据企业和浏览者的需要设置各级目录。

链接结构是指各页面之间相互链接的拓扑结构，它是建立在目录结构基础之上的。形象地说，每个页面都可以看作一个节点，链接则是两个节点的中间点。一个点可以与一个点链接，也可以与多个点链接。一般建立网站的链接结构有两种基本方式：树状链接结构和网状链接结构。首页链接指向一级页面，一级页面链接指向二级页面。整体框架看起来像一棵大树，因而被形象地称为树状链接结构。在设计的初期，我们可以用树状结构列出每个页面的内容大纲，尤其是在制作一个大型网站时，特别要把这个大纲规划好。现实的网页环境，各级页面需要相互链接，这就形成了网状链接结构（图4-4）。

一个好的网站，首页内容是至关重要的。首页设计一般涉及品牌logo、Banner、导航菜单、首页内容布局以及网页底部版权信息等内容。品牌logo一般处于页面左上角，这与我们的视觉习惯有关。导航栏的作用也是不可忽视的，一个好的导航栏可以帮助用户快速找到自己需要的内容信息。首页内容要根据品牌方和用户的需求确定，根据用户的特点和习惯进行布局。网站底部主要放置友情链接、网站版权信息等。网站的友情链接可以提升网站的的信息比重。

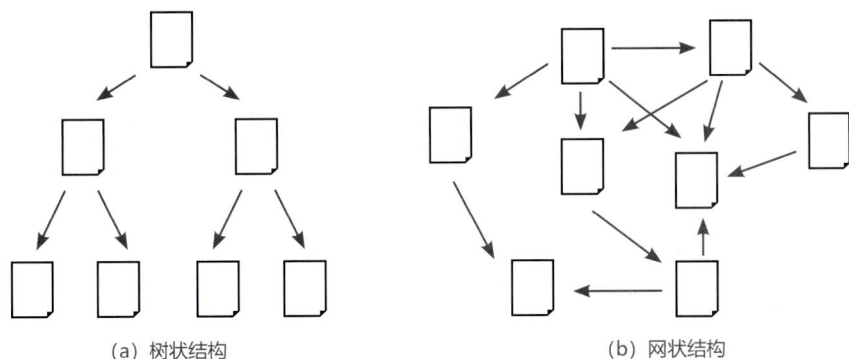

(a) 树状结构　　　　　　　　　　　　　(b) 网状结构

图 4-4　链接结构

5. 工作计划

首先每位学生根据表 4-2 完成相关任务，然后教师根据学生的任务完成情况提出改进意见。

表 4-2　工作计划

序号	工作步骤	要求	学时安排	备注
1	设计对象的市场调查	资料搜集、问卷调查		
2	同行业市场调查	资料搜集、问卷调查		
3	撰写改版方案	策划案从企业的市场调查、企业的分析和定位、同行业的网站调查和网站设计方面进行		

6. 实施提示

（1）认真阅读任务书和"引导性问题"。

（2）除了通过搜集资料、问卷调查对设计对象实施市场调查，还可以与企业管理者进行访谈，了解企业文化。本项目是对大广赛官网进行改版，因此我们要对大广赛进行品牌调研和用户调研。首先，我们可以登录大广赛官网与参赛师生进行访谈，对其进行了解。其次是分析大广赛官网需要改善的地方（图 4-5、图 4-6）。

前期调研：

大赛调研——大赛简介、参赛办法等
网站用户调研——主要用户群体是有创意的大学生，用户常用的功能

图 4-5　前期调研

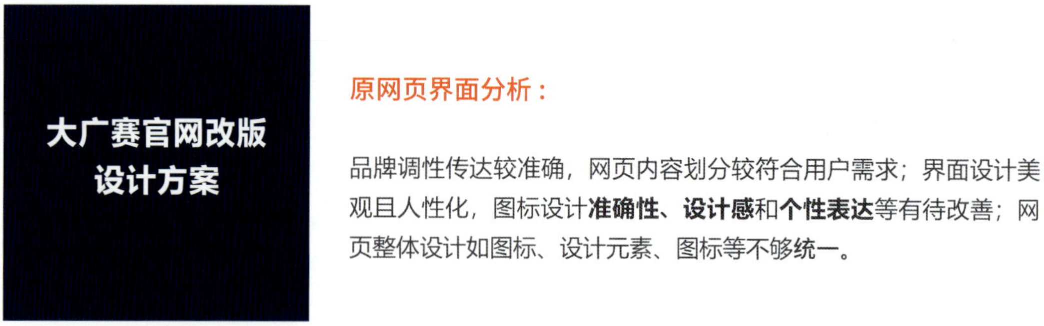
大广赛官网改版
设计方案
原网页界面分析：
品牌调性传达较准确，网页内容划分较符合用户需求；界面设计美观且人性化，图标设计准确性、设计感和个性表达等有待改善；网页整体设计如图标、设计元素、图标等不够统一。

图 4-6　原网页界面分析

（3）分析同行业同类网站的调研和改版设计计划。搜集同行业同类型网站中优秀的设计案例，分析其优缺点。改版计划立足于前期调研。网页设计方案可以用 PPT 进行展示。

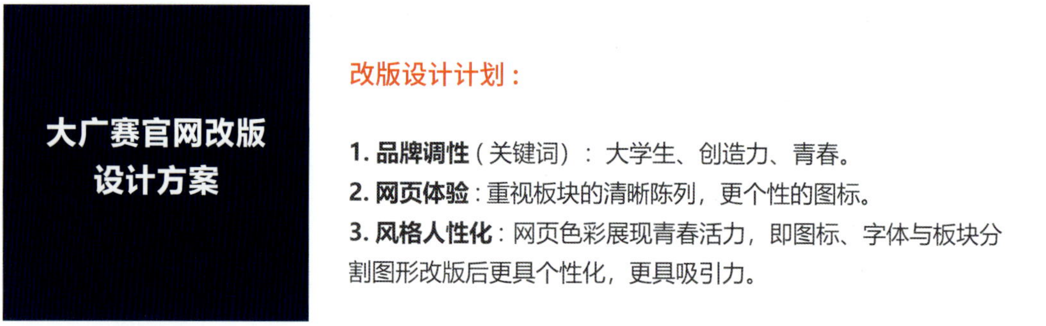
大广赛官网改版
设计方案
改版设计计划：
1. 品牌调性（关键词）：大学生、创造力、青春。
2. 网页体验：重视板块的清晰陈列，更个性的图标。
3. 风格人性化：网页色彩展现青春活力，即图标、字体与板块分割图形改版后更具个性化，更具吸引力。

图 4-7　改版设计计划

7. 评价反馈

按学生自评、小组互评、教师评价三种方式评定每位学生完成学习任务的情况，并将学生自评成绩占总成绩的 20%、小组互评成绩占总成绩的 30%、教师评价成绩占总成绩的 50% 作为每位学生的综合评价结果（表 4-3）。

表 4-3　评价表

序号	评价项目	评价标准	分值	学生自评	小组互评	教师评价
1	问卷合理	能设计合理的问卷，并有效地开展问卷调查	20			
2	资料搜集	有条理地搜集、整理资料	10			
3	同行业调研	能保质保量地完成调研任务	20			
4	设计方案 PPT	改版方案思路清晰，内容含金量高	10			
5	工作态度	态度端正，不无故缺席、不迟到、不早退	10			
6	工作质量	能按计划完成工作任务	10			

序号	评价项目	评价标准	分值	学生自评	小组互评	教师评价
7	协调能力	能与小组成员合作交流，协调工作	5			
8	职业素质	善于查阅并借鉴相关资料	5			
9	创新意识	工作方案有创新点	10			
		合计	100			

8. 拓展学习

扫描下方二维码，获取更多 UI 资讯。

网页策划

网页特点和
组成部分

实训任务4.3　网页创意——头脑风暴

1. 学习目标

通过学习本任务，学生应该：

（1）理解任务书；

（2）掌握头脑风暴法。

2. 任务书

网页设计板块主要围绕大广赛官网改版进行，旨在较为完整地梳理网页设计的步骤：网页策划、创意、导航设计和网页视觉流程等。并在各个阶段以学生的实践作品为例，展开教学环节（表4-4）。

表 4-4　任务书

项目名称	大广赛官网改版设计
项目背景	大广赛自2005年至今，遵循"促进教改、启迪智慧、强化能力、提高素质、立德树人"的宗旨，成功举办了14届15次，共有1679所高校参与，百万名学生提交了作品
作品要求	根据大广赛官网的首页和二级页面进行改版设计，需要确保网页设计风格的一致性，注意网页版式与创意性，并突出大广赛的品牌特点，页面数量不少于5页
本次实训任务要求	根据调研后形成的改版方案的关键词，运用头脑风暴法对大广赛官网网页进行改版设计

3. 工作准备

（1）仔细阅读工作任务书，进行分析和讨论并做好进度记录；

（2）以小组为单位，准备好 A4 纸和笔。

4. 引导性问题

全国大学生广告艺术大赛官网改版应该如何着手？

创意是一切设计的源泉，一个好的设计往往源于一个好的点子，新颖的网页设计作品总能让人眼前一亮。但创意不是不着边际的想象，而是要从设计主题出发。

图4-8 是一个设计公司的网站的界面，由两位设计师设计，因此起始页采用了两个设计师的形象，用线的形式表现出来。

图4-9、图4-10 是个人网站，该网站用包装盒作为页面的创意点，其将设计元素巧妙地放置于包装盒的各个部分。

图 4-8　以设计师形象创意的网站界面

图 4-9　以包装盒为背景设计的网站页面 1

图 4-10　以包装盒为背景设计的网站页面 2

图 4-11 是一个运用 FLASH 制作的网站，整个页面是一个高高的树屋形象。树屋的屋顶被巧妙地设计成形象栏，放置了标志和导航条。当鼠标指向各种小动物时就会产生互动画面。图 4-12 是以大海为背景设计的界面，其与网站主题贴切。界面非常巧妙地将海平面升至顶部，隔出一块合理的"天空"作为形象栏，上方嵌入标志和导航菜单。

图 4-11　以树屋为形象设计的网站页面

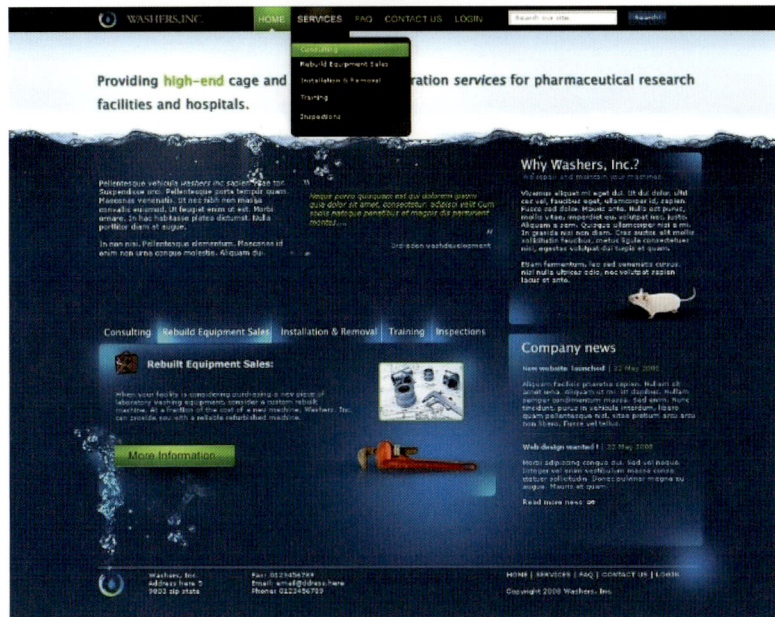

图 4-12　以大海为背景设计的网站页面

5. 工作计划

首先每位学生根据表 4-5 完成相关任务，然后教师根据学生的任务完成情况提出改进意见。

表 4-5　工作计划

序号	工作步骤	要求	学时安排	备注
1	关键词整理	提取大广赛关键词，在 A4 纸中间写下归纳的关键词		
2	头脑风暴	联想各种具象事物（注意不是形容词而是名词）		
3	绘制草图	根据联想的各种具象事物确定创意点，绘制主页创意草稿		

6. 实施提示

（1）首先认真阅读任务书和吸收"引导性问题"。

（2）头脑风暴：根据上一任务中提取的大广赛的关键词，然后结合关键词联想各种具象事物，并将其快速地写在 A4 纸上（要在尽可能短的时间内写满一张 A4 纸）。同时注意联想的具象事物要用名词表达，或者画一个简单图形（图 4-13）。

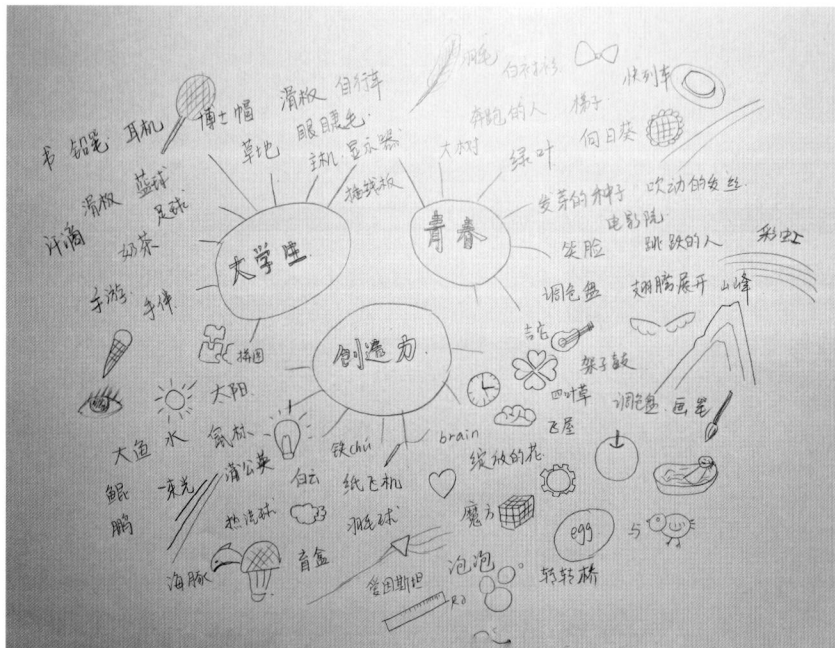

图 4-13　在 A4 纸上写下具象事物

（3）根据列出的具体事物，发散思维，找出创新点。并根据创新点在 A4 纸上手绘首页草图（图 4-14）。

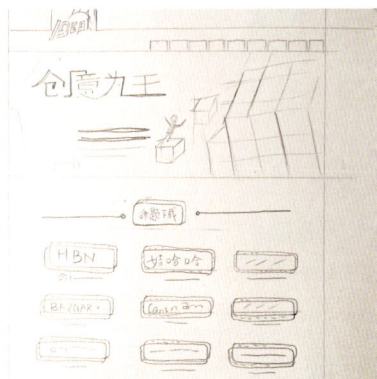

图 4-14　绘制的草图

7. 评价反馈

按学生自评、小组互评、教师评价三种方式评定每位学生完成学习任务的情况，并将学生自评成绩占总成绩的 20%、小组互评成绩占总成绩的 30%、教师评价成绩占总成绩的 50% 作为每位学生的综合评价结果（表 4-6）。

表 4-6　评价表

序号	评价项目	评价标准	分值	学生自评	小组互评	教师评价
1	关键词	能准确提取设计对象的关键词	20			
2	头脑风暴	在规定时间内发散思维与联想	20			
3	草图绘制	进行头脑风暴，选择创新点，并绘制主页手稿	10			
4	创意思路	设计方案有创意、思路清晰	10			
5	工作态度	态度端正，无故不缺席、不迟到、不早退	10			
6	工作质量	能按计划完成工作任务	10			
7	协调能力	能与小组成员合作交流，协调工作	5			
8	职业素质	善于查阅并借鉴相关资料	5			
9	创新意识	工作方案有创新点	10			
	合计		100			

8. 拓展学习

扫描下方二维码，获取更多 UI 资讯。

网页创意

实训任务4.4　网页导航设计

1. 学习目标

通过学习本任务，学生应该：

（1）掌握网页导航的基本规范；

（2）掌握网页导航设计的方法。

2. 任务书

本书项目4网页设计板块围绕全国大学生广告艺术大赛官网改版进行，旨在较为完整地梳理网页设计各个阶段：网页策划、创意、导航设计和网页视觉流程等。并在各个阶段中以教学中学生实践作品为案例，更完整地展示教和学的环节。

表 4-7　任务书

项目名称	全国大学生广告艺术大赛官网改版设计
项目背景	全国大学生广告艺术大赛自 2005 年至今，遵循"促进教改、启迪智慧、强化能力、提高素质、立德树人"的宗旨，成功举办了 14 届 15 次，全国共有 1679 所高校参与其中，百万名学生提交了作品
作品要求	根据全国大学生广告艺术大赛官网的首页和二级页面，进行改版设计，需要确保网页设计风格的一致性，注意网页版式与创意性，并突出大赛品牌特点，页面数量不少于 5 张
本次实训任务要求	根据前期的创意，进行网页导航菜单的设计

3. 工作准备

（1）仔细阅读工作任务书，进行分析和讨论并做好进度记录；

（2）充分了解项目背景，确定 UI 界面制作软件已经安装完成；

（3）结合任务书分析大广赛官网首页导航菜单设计与制作难点和常见技术问题。

4. 引导性问题

导航菜单的作用是什么?

网站使用导航栏是为了让用户更快地确定资源区域、寻找资源。导航栏发挥着重要作用，它能给用户指引方向，引导用户找到想要浏览的栏目，让用户在短时间内找到自己需要的内容，但导航栏并不是全面展示网站内容，而是合理设置板块，让用户有一个好的体验。

导航菜单有什么样式呢?

常见导航菜单：横向菜单、纵向菜单、创意型菜单。

1）横向菜单

因为符合人的浏览习惯，所以横向菜单的运用最为广泛。这种类型的网页，顶部是形象栏、中间是页面的主体部分、底部是版权信息。这种类型的网页一般将形象栏置于页面的顶部，标志置于形象栏的左上角，也有少数将标志置于形象栏的中间。导航菜单常常置于形象栏的下方，多居中，因为左边有标志，所以通常靠右设置（图 4-15）。

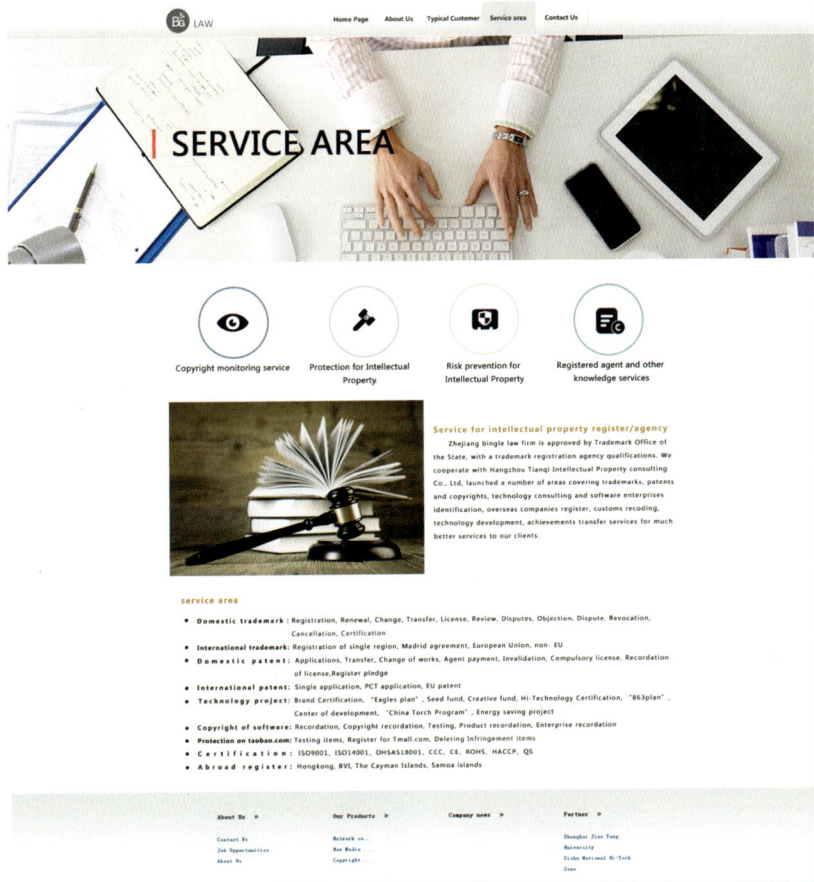

图 4-15　横向菜单网页

2）纵向菜单

纵向导航菜单的设计也要遵循我们由左至右、由上而下、注意力逐渐减弱的习惯，导航菜单放置于页面的左侧或者左上侧（图 4-16）。

3）创意型菜单

制作网页经常采用前两种菜单样式。而创意型菜单通常因个人等具有独特设计需求而被采用。比如图 4-17 导航菜单采用了纸样的展开图像。当鼠标移动到某一"纸片"上时，其就会发生互动，其余"纸片"会自动弹开。

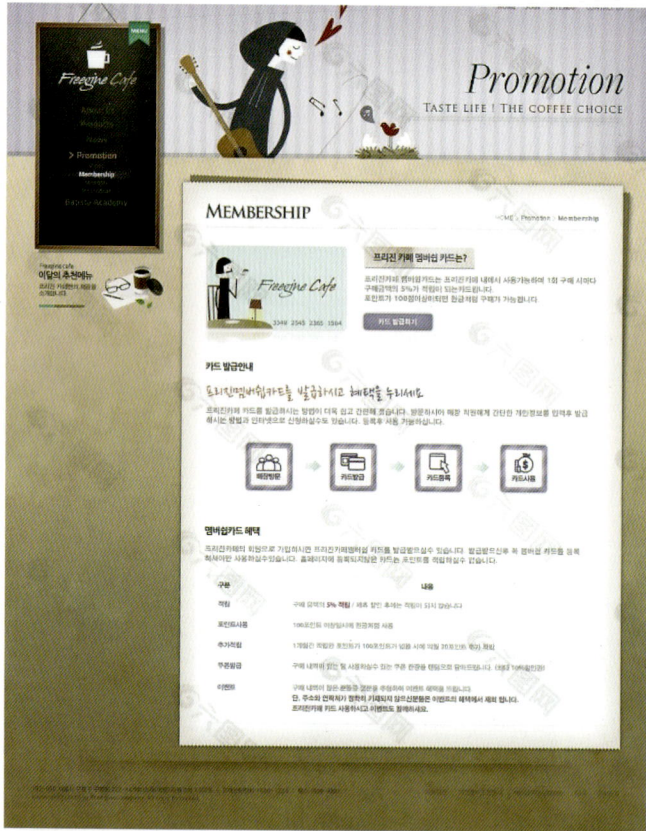

图 4-16　纵向菜单网页

图 4-17　创意型菜单网页

5. 工作计划

首先每位学生根据表 4-8 完成相关任务，然后教师根据学生的任务完成情况提出改进意见。

表 4-8 工作计划

序号	工作步骤	要求	学时安排	备注
1	创意	根据主题创意设计导航菜单		
2	绘制电子稿	根据创意绘制导航菜单		

6. 实施提示

（1）认真阅读任务书和"引导性问题"。

（2）根据主题创意设计导航菜单，导航菜单样式和整体主题创意保持一致。

（3）根据构思绘制电子稿，注意以 px 为单位进行细节绘制。

7. 评价反馈

按学生自评、小组互评、教师评价三种方式评定每位学生完成学习任务的情况，并将学生自评成绩占总成绩的 20%、小组互评成绩占总成绩的 30%、教师评价成绩占总成绩的 50% 作为每位学生的综合评价结果（表 4-9）。

表 4-9 评价表

序号	评价项目	评价标准	分值	学生自评	小组互评	教师评价
1	合理性	设计符合主题和用户需求的导航菜单	20			
2	规范性	导航菜单符合尺寸、字号等规范	20			
3	亮点	导航菜单有一点定性	10			
4	软件使用	能熟练运用电脑软件绘制导航菜单	10			
5	工作态度	态度端正，无故不缺席、不迟到、不早退	10			
6	工作质量	能按计划完成工作任务	10			
7	协调能力	能与小组成员合作交流，协调工作	5			
8	职业素质	善于查阅并借鉴相关资料	5			
9	创新意识	工作方案有创新点	10			
	合计		100			

8. 拓展学习

扫描下方二维码，获取更多 UI 资讯。

导航菜单

实训任务 4.5　网页版式设计

1. 学习目标

通过学习本任务，学生应该：

（1）正确识读任务书；

（2）掌握网页版式设计的方法。

2. 任务书

根据大广赛官网的一级页面进行改版设计，需要确保网页风格的一致性、注意网页的版式与创意性，并突出大广赛的品牌特点，页面数量不少于 5 页。请登录大广赛官网下载命题素材。

3. 工作准备

（1）仔细阅读工作任务书，进行分析和讨论并做好进度记录；

（2）充分了解项目背景，确定 UI 界面制作软件已经安装完成；

（3）结合任务书分析大广赛官网首页版式设计与制作难点和常见技术问题。

4. 引导性问题

网页版式和普通的纸媒体版式设计有什么不同？

成功的网页版面设计不仅能提高版面的浏览价值，而且有利于该网页主题的信息传达。网页的版式设计是在有限的屏幕空间、将多媒体元素有机组合，进行一种视觉的关联和合理配置，可以说是网页设计的一个关键环节，与网站风格相吻合的版式设计不但能给用户留下良好的第一印象，还能最大限度地树立网站自身的形象，明确网站的运营宗旨。

传统平面构成形式美法则同样适用于网页版面设计。网页版式设计中视觉要素正是以点、线、面的形式相互依存、相互作用，组合成各种各样的视觉信息，形成千变万化的视觉空间，让人产生视觉感受。因此，网站页面在进行版式设计时需要结合页面主题与素材，保持页面内容的均衡，在统一中求变化，通过反复调整获得秩序，引导人们获得最佳的视觉体验，从而快速有效地传递网站信息。

网页版面编排有自身的独特性。很多人在接触网页设计时往往持传统平面设计思路。而我们需要转换设计思路，由传统媒介传播的平面设计理念转换为新媒体传播的数字化设计理念，需要充分考虑网页视觉流程的特殊性。首先，网页界面需要以电脑屏幕为载体进行显示，因此网页界面需要考虑屏幕分辨率的大小。其次，要结合传统平面形式美法则或者具有一定独特性的网页界面风格，设计具有统一风格的网页界面。

页面分栏方式一般都有哪几种？

常见的页面分栏方式：2 栏——常用于内容页面；3 栏——常用于传统的首页；4 栏——

常用于信息内容较多的首页。传统的首页页面多采用 3 栏。3 栏分割使得内容清晰明了，相对缓解了视觉疲劳，同时这种分栏方式不会由于栏数过少让页面显得过于单一。图 4-18 的四川美术学院网站的首页被分为 3 栏，中间一栏最宽，适合放置重要的图片和文本信息。

图 4-18　四川美术学院网站的首页

网站界面中的分栏数量往往需要根据其信息传达的需求来进行选择的。如下图网页界面采用 4 栏分割，因为其信息量较大，需要进行多层次的导航和多信息的展示（图 4-19）。

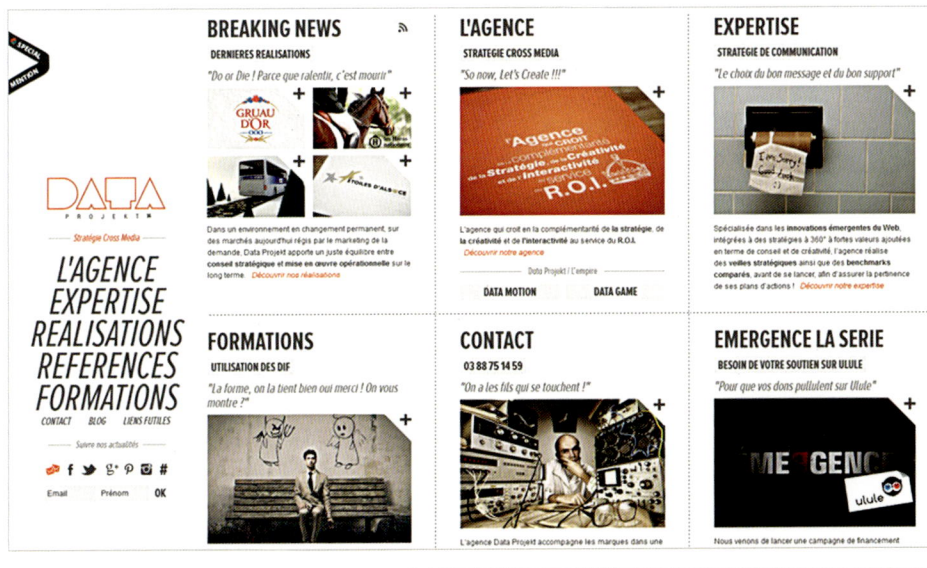

图 4-19　分 4 栏的网页界面

具体运用哪种首页分栏方式，我们需要根据页面信息和网页主题风格来确定。但是页面的结构要保持清晰，让浏览者在进入页面后用最短的时间了解页面所传达的信息。

内容页一般采用 2 栏的分栏方式，因为内容页主要是展示具体的内容信息。网页左边的信息导航不变，点击不同的内容页，右边的内容展示栏会发生变化（图 4-20）。

总之，我们要根据实际需求进行排版和分栏。在设计中，我们要注意尺寸规范，并且用网格对版面进行划分，而使用网格对版面进行划分是一种有效区分版面内容的方式。

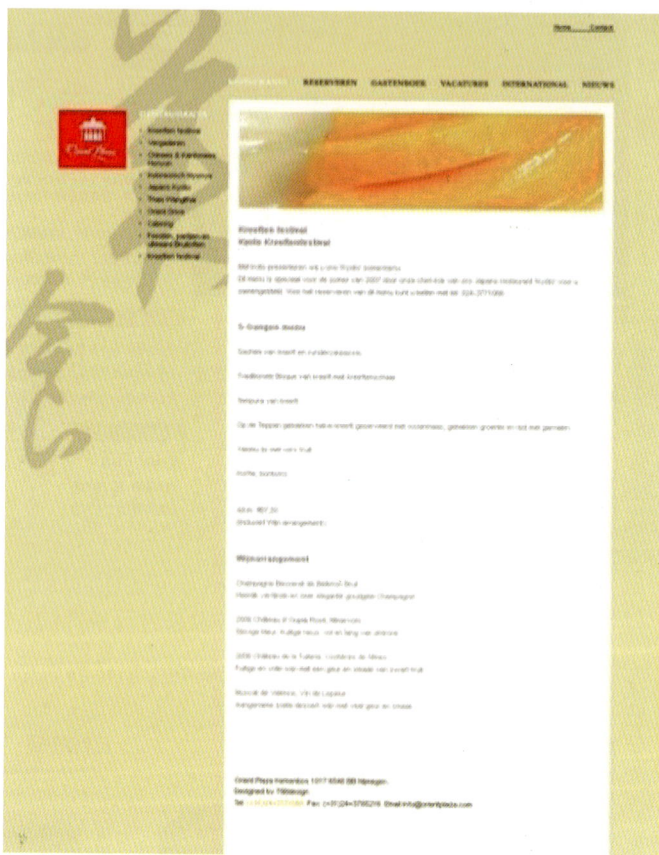

图 4-20　内容页的分栏方式

5. 工作计划

首先每位学生根据表 4-10 完成相关任务，然后教师根据学生的任务完成情况提出改进意见。

表 4-10　工作计划表

序号	工作步骤	要求	学时安排	备注
1	创意	根据主题创意来设计导航菜单		
2	绘制电子稿	根据创意绘制导航菜单		

6. 实施提示

（1）认真阅读任务书和"引导性问题"。

（2）根据主题设计选择页面分栏格式。

诸多网页的首页一般设计为 3 栏，其中中间栏最宽。当然这不是绝对的，设计为 1 栏、2 栏或者 3 栏是根据网页主题和用户需求决定的。大广赛官网的主要浏览者为参赛的学生和教师，他们关心的是每年的命题，因而将首页第一版最显眼的区域设置为命题展示。大广赛官网不像新闻媒体或者机构网站，需要展示较多综合性信息，因此其一般设计为单栏或者 2 栏。图 4-21 为全媒体广告策划与营销专业的蓝同学的大广赛官网改版设计稿。

一级页面根据实际需求设定为 2 栏，左边为二级导航栏，右边是主要内容。二级页面设计为单栏，主要展示的是该页面主题的内容（图 4-22、图 4-23）。

图 4-21　蓝瑶同学的设计作品

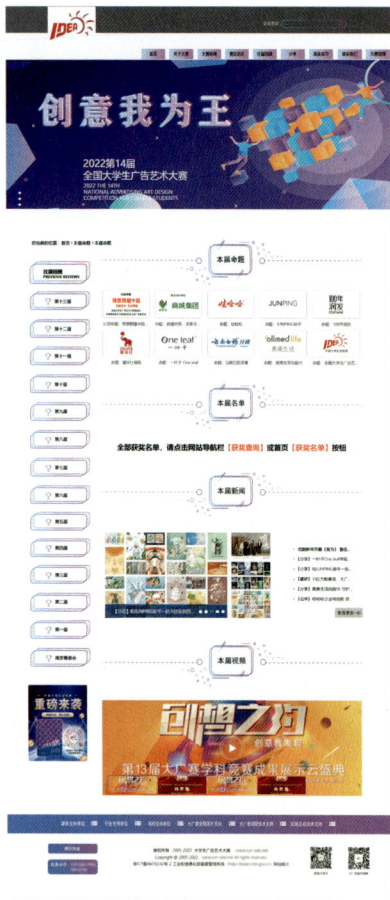

图 4-22　一级页面

图 4-23　二级页面

7. 评价反馈

按学生自评、小组互评、教师评价三种方式评定每位学生完成学习任务的情况，并将学生自评成绩占总成绩的 20%、小组互评成绩占总成绩的 30%、教师评价成绩占总成绩的 50% 作为每位学生的综合评价结果（表 4-11）。

表 4-11　评价表

序号	评价项目	评价标准	分值	学生自评	小组互评	教师评价
1	合理性	设计符合主题和用户需求的界面	20			
2	规范性	网页界面符合字号等规范	20			
3	亮点	网页界面具有特点	20			
4	工作态度	态度端正，无故不缺席、不迟到、不早退	10			

序号	评价项目	评价标准	分值	学生自评	小组互评	教师评价
5	工作质量	能按计划完成工作任务	10			
6	协调能力	能与小组成员合作交流，协调工作	5			
7	职业素质	善于查阅并借鉴相关资料	5			
8	创新意识	工作方案有创新点	10			
	合计		100			

8. 拓展学习

扫描下方二维码，获取更多 UI 资讯。

网页版式设计

实训任务 4.6　全国大学生广告艺术大赛官网改版视觉流程设计

1. 学习目标

通过学习本任务，学生应该：

（1）了解视觉习惯；

（2）能较为清晰地梳理网页视觉流程；

（3）运用各种设计元素整理视觉流程。

2. 任务书

针对大广赛官网的一级页面进行改版设计，确保网页的设计风格一致，注重网页版式设计与创意，并突出大广赛的品牌特性，页面数量不少于 5 页。请登录大广赛官网下载命题素材。根据大广赛官网改版命题，梳理大广赛官网设计作品首页和其他网页内容的视觉流程。

3. 工作准备

（1）仔细阅读工作任务书，进行分析和讨论并做好进度记录；

（2）充分了解项目背景，梳理需改版页面的信息层级；

（3）结合任务书分析网页视觉流程设计的难点和常见问题。

4. 引导性问题

什么叫视觉流程？如何引导观众的注意力？

视觉流程是人们在阅读信息时，眼睛有一种移动习惯——先看什么，后看什么，再看什么。我们要灵活而合理地运用视觉流程，做好视觉导向，提高传播者传达信息的准确性与有效性。成功的视觉流程安排，能使网页的各种信息要素在一定空间内合理分布，使页面中各信息要素的位置更加合理，进而使网页具有美感。具有清晰的视觉流程，首先需要明确信息层级关系。明确的信息层级关系，需要将设计的信息进行排序。然后遵循视觉规律，编排这些信息。我们将从以下几个方面分析影响视觉流程的因素：信息元素的位置、图片和文字的视觉吸引力、色彩、设计元素等（图 4-24）。

视觉流程分析

你需要引导使用者的眼睛：

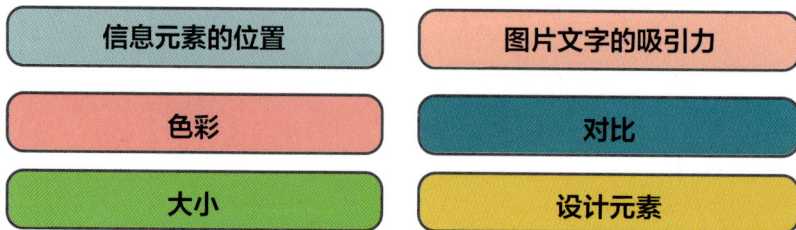

信息元素的位置	图片文字的吸引力
色彩	对比
大小	设计元素

图 4-24　影响视觉流程的因素

信息元素的位置该如何决定?

受生理结构的制约,人的眼睛只能产生一个焦点,所以我们只能按照一定的顺序浏览和观察事物。眼睛的视觉习惯是从左到右、从上到下看。例如,我们浏览一张空白网页的视觉流程是从左上方到右下方,如图4-25所示。合理地运用视觉规律,有助于我们合理地布局网页中视觉元素的位置。

因而,我们常常看到左上角为浏览起点,往往用来放置标志;页面的顶部被用来放置形象栏和导航菜单。在很多网页界面上,我们可以看到,标志、形象栏目和大图片都放置于红色弧线上。因为我们的视觉习惯是从上到下,所以页面往往是上面比下面更引人注意(图4-26)。视觉习惯是从左到右,所以页面往往是左边比右边更引人注意(图4-27)。

有一本网页设计方面的书叫Don't Make Me Think,该书认为,设计者应该做到的是:当我们看到一个页面时,它能让我们一目了然。一个成功的网页设计,用户不需要思考,一下子就能找到重点信息。清晰的视觉流程能使用户第一时间找到自己需要的信息。

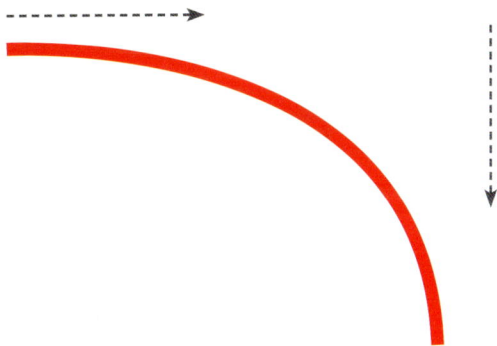
图4-25 从左上角到右下角的视觉习惯

图4-26 从上到下的视觉习惯

图4-27 从左到右的视觉习惯

如何运用设计元素来安排合理的视觉流程?

视觉吸引力——图片和文字。研究发现,人们会花极少的时间阅读大部分页面,大多数情况下,用户会通过大概浏览网页确定要看的内容。其中图标和图像比文字更能吸引人的注意力;有颜色的比无颜色的设计元素更具吸引力(图4-28、图4-29)。

根据对比原则设计网页内容会让视觉流程更加清晰。对比度越强越能吸引人的注意力。其可以是色彩、大小、形状、曲直、明暗的对比。大图比小图更有吸引力,大字比小字更吸引人。合理且多样的设计元素可以提高网页的吸引力,设计的图形和文字更具视觉吸引力(图4-30、图4-31)。

图 4-28　图形比文字更具视觉吸引力

图 4-29　色彩的视觉吸引力

图 4-30　根据对比原则设计的网页 1

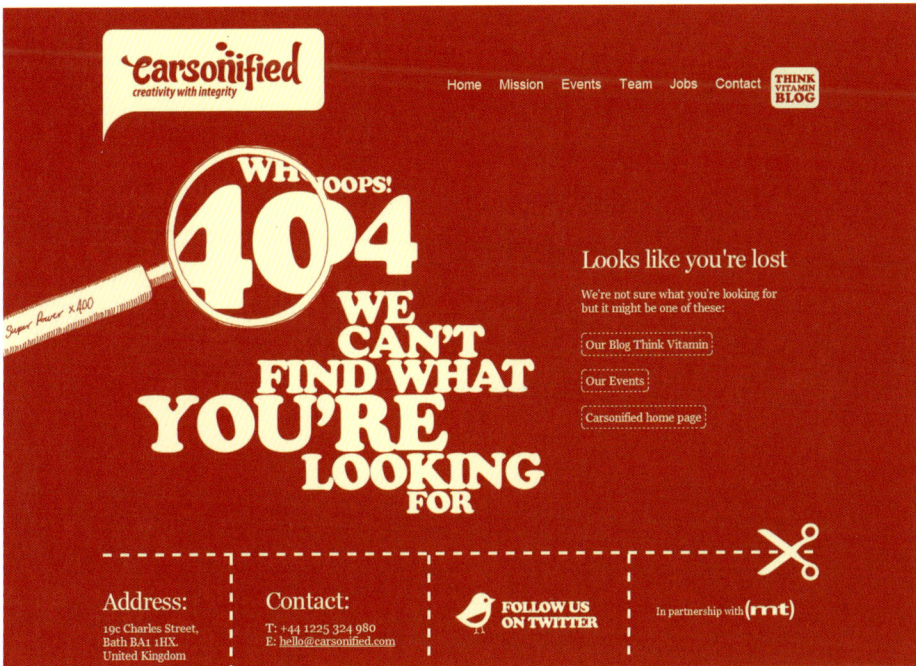

图 4-31　根据对比原则设计的网页 2

5. 工作计划

首先每位学生根据表4-12完成相关任务，然后教师根据学生的任务完成情况提出改进意见。

表4-12　工作计划表

序号	工作步骤	要求	学时安排	备注
1	梳理信息的层次	按照重要程度梳理要传达的信息		
2	梳理视觉流程	根据人们的视觉习惯和视觉元素设计视觉流程		

6. 实施提示

（1）认真阅读任务书和"引导性问题"中的知识点。

（2）整理大广赛官网的原有信息，按照重要程度熟悉信息层级关系。也就是首先让浏览者看到什么，然后让浏览者看到什么，最后让浏览者看到什么。

（3）运用信息层级关系、视觉习惯和视觉元素的对比手法，设计视觉流程。

7. 评价反馈

按学生自评、小组互评、教师评价三种方式评定每位学生完成学习任务的情况，并将学生自评成绩占总成绩的20%、小组互评成绩占总成绩的30%、教师评价成绩占总成绩的50%作为每位学生的综合评价结果（表4-13）。

表4-13　评价表

序号	评价项目	评价标准	分值	学生自评	小组互评	教师评价
1	合理性	设计符合主题和用户需求的界面	20			
2	规范性	网页界面符合字号等规范	20			
3	亮点	网页界面具有特性	20			
4	工作态度	态度端正，无故不缺席、不迟到、不早退	10			
5	工作质量	能按计划完成工作任务	10			
6	协调能力	能与小组成员合作交流，协调工作	5			
7	职业素质	善于查阅并借鉴相关资料	5			
8	创新意识	工作方案有创新点	10			
	合计		100			

8. 拓展学习

扫描下方二维码，获取更多 UI 资讯。

视觉流程

◆**课后思考**

项目 4 的实训任务网页 UI 界面设计包含 6 个实训任务——网页策划、网页基本规范、网页创意、网页导航菜单、网页版式设计和视觉流程梳理。整个工作项目从接受大学生广告艺术大赛命题——大广赛官网改版设计任务开始，提出设计主题、手绘方案到电子稿制作，形成了一个较完整的工作闭环。

同学们在实训任务中，要针对自己的薄弱环节加强练习。比如有的学生在视觉流程梳理时发现各种视觉对比方法的运用还不熟练，因此要加强对此项目的练习。

◆**课后练习**

搜索一套优秀的网页设计作品，对其设计进行分析，并深度临摹还原其设计。再独立设计制作一套界面，主题自拟或者结合比赛命题拟订。

— 参考文献

REFERENCES

［1］柯皓.写给大家看的UI设计书[M].北京：电子工业出版社，2020.

［2］帕特里克·弗兰克.视觉艺术原理[M].陈蕾，俞珏，译.上海：上海人民美术出版社，2008.